计量经济学

主　编　杜　宁

北京理工大学出版社
BEIJING INSTITUTE OF TECHNOLOGY PRESS

内容简介

本书主要面向经济学、管理学各专业本科生，帮助其学习计量经济学的基础理论知识，并通过对实践教学环节的塑造，培养其量化分析经济和管理类问题的初步能力。本书也可作为跨专业的经管类研究生、社会科学工作者的入门教材。

本书除了具有计量经济学教材通常都有的理论与实验紧密结合、图文并茂、关注计量发展的新成果等特点外，还具有以下三个特点：第一，注重利用计量工具分析经济问题思维的养成，而不是为计量而计量，这在本书的例题和习题中都有所体现；第二，尽量用简洁易懂的语言，注重与已有数学和统计学知识的逻辑联系，交代清楚计量基础理论中主要结论的来龙去脉，使计量基础理论的学习过程更加简单明了，这能很好地引导数学基础不太扎实的学生深刻理解计量基础理论；第三，对实验结果的分析较为透彻，且与理论相对应，有助于学生巩固理论知识。

图书在版编目（CIP）数据

计量经济学 / 杜宁主编. --北京：北京理工大学出版社，2024. 8.

ISBN 978-7-5763-3366-4

Ⅰ. F224. 0

中国国家版本馆 CIP 数据核字第 20249HC882 号

责任编辑：江　立　　**文案编辑**：李　硕

责任校对：刘亚男　　**责任印制**：李志强

出版发行 / 北京理工大学出版社有限责任公司

社　　址 / 北京市丰台区四合庄路 6 号

邮　　编 / 100070

电　　话 / （010）68914026（教材售后服务热线）

（010）63726648（课件资源服务热线）

网　　址 / http://www.bitpress.com.cn

版 印 次 / 2024 年 8 月第 1 版第 1 次印刷

印　　刷 / 三河市华骏印务包装有限公司

开　　本 / 710 mm×1000 mm　1/16

印　　张 / 11. 75

字　　数 / 208 千字

定　　价 / 69. 00 元

前　言

计量经济学为教育部高等学校教学指导委员会核定的经济学类核心课程之一，是经济学类本科生应掌握的一门基本专业技能。

本课程与先修的微积分、线性代数、概率统计、统计学等课程联系紧密，学习和应用具有一定坡度。本书在介绍理论时，注重其与已有知识的联系，交代其来龙去脉，希望不仅能“知其然”，更能“知其所以然”，以帮助读者跨越基础理论难关。在对 EViews 软件的处理结果进行分析时，尽量与理论相对应，让学生知晓实验结果的依据所在，做到简明、透彻。此外，本书在利用计量工具，培养分析经济问题的思维和习惯方面，进行了有益的探索。

希望读者通过对本书理论的学习与实验的操作，达到以下目的：

1）了解现代经济学的发展、计量经济学的学科性质，以及其作为量化分析经济、管理类问题的方法和工具的特征；

2）掌握基本理论和方法，包括经典回归模型及其扩展、联立模型、基本的时间序列模型等，为进一步的学习奠定基础；

3）能够建立简单的计量模型，对现实经济问题进行初步的量化分析；

4）能够较熟练地使用一个计量处理软件。

本书分为以下六章。

第一章为绪论，主要介绍计量经济学的基本概念，以及运用计量工具量化分析经济和管理类问题时的建模方法与步骤。

第二章为经典回归模型，主要介绍经典回归模型的基本理论，包括经典回归模型的估计、模型的统计检验等，属于计量经济学的基础理论。

第三章为单方程专门问题，主要讨论三类经典单方程问题，包括分布滞后、非线性和虚拟变量模型，可作为选学内容。

第四章为扩展的经典单方程问题，主要讨论自相关、异方差、共线性问题，为本书重点内容。通过本章的学习，读者可认识到计量方法与其他数量方法的根本区别。

第五章为联立模型，主要讨论联立模型的概念、识别、估计和检验，为本书重点内容。联立模型主要应用于宏观经济问题。

第六章为时间序列模型基础，主要介绍常见的时间序列模型——差分自回归移动平均模型，为本书重点内容，包括平稳性及其检验、模型的识别与估计等。

本书受西华师范大学校级规划教材项目专项出版资助，在编写过程中参阅了众多中外文献，从中得到很多有益的启示，引用了个别文献中的数据。本书在成稿过程中，得到北京理工大学出版社多位编辑的专业性指导建议，在此谨向资助者、文献作者、各位编辑衷心致敬并诚挚致谢。

虽然本书汇集了编者多年来学习计量经济学的心得和从事计量经济学教学工作的经验，但鉴于编者学识水平有限，实践经验不足，书中疏漏与不妥在所难免，敬请专家和读者指正。

编　者

2024 年 7 月

目　录

第一章　绪　论

本章主要介绍计量经济学的概念，以及运用计量工具量化分析经济和管理类问题时的建模方法与步骤。

第一节　计量经济学概述

一、计量经济学的概念

计量经济学(econometrics)是经济学的分支学科，属应用经济学范畴。

在一个经济问题中，相关的经济因素称为经济变量。计量经济学以经济理论为基础，以经济现象的历史数据为依据，运用数学、统计学方法，定量分析经济变量之间的随机因果关系。研究一个经济变量 x 对另一经济变量 y 的影响时，可建立以下函数关系：

$$y=f(x)$$

此函数表达了 x、y 之间的确定性因果关系。

但现实中的经济问题往往错综复杂，以数学函数为基础去研究经济变量之间的数量关系，并不能直接将经济问题简化为一个纯粹的数学问题。除 x 之外，y 必然存在其他影响因素以及各种不确定的影响因素，我们把它们概括为一个随机因素，用 ε 表示，从而建立一个包含随机因素的函数形式：

$$y=f(x, \varepsilon)$$

这样就表达了 x、y 之间的随机性因果关系。

二、计量经济学的研究对象

经济变量之间的关系以随机方程的形式体现，谓之模型。计量经济学以经济模型为研究对象，其基本工作是估计模型和检验模型。

例如，讨论某种商品的需求 Q 受商品价格 P 的影响。从数理的角度，可知需求 Q 和价格 P 之间存在着某种近似的函数关系，即数理模型：

$$Q=f(P)$$

将价格之外的因素(如当地居民收入水平、当期物价指数、区域消费者偏好，以及其他确定或不确定的影响因素)视作一个随机因素 ε，从而形成计量模型：

$$Q=f(P,\ \varepsilon) \tag{1.1}$$

式(1.1)是一种高度概括、抽象的形式。实际处理时，需要具体化，遵循由易到难、由简入繁的方法论，对不同的模型进行估计、检验、比对，从而得到较理想的模型结果。例如，可分别建立下列模型，并进行估计和检验：

$$Q=\alpha+\beta P+\varepsilon \tag{1.2}$$

$$\ln Q=\alpha+\beta\ln P+\varepsilon \tag{1.3}$$

式(1.2)、式(1.3)的函数形式是否适当？哪种函数形式更优？模型中是否还应当包含其他影响因素？这是一个不断估计、检验、比对的试探过程。

由一个随机方程构成的计量模型，如式(1.2)、式(1.3)，称为单方程模型。从函数的类型上看，可以分为线性模型，如式(1.2)，以及非线性模型，如式(1.3)。

由多个方程联合构成的计量模型，称为联立模型。例如，将在本章第二节详细介绍的凯恩斯宏观经济模型。

三、计量经济学的发展过程

1. 背景

20 世纪 20 年代末，全球性经济危机爆发，以亚当·斯密、大卫·李嘉图为代表的经济自由主义经济理论失灵。政府需要新理论的指导，以制定宏观政策，企业也需要新理论的引领，以摆脱危机。那时，以凯恩斯为代表的政府干预主义占据主导地位，经济学者开始以量化方式研究宏观经济问题，这促进了计量经济学的诞生。

2. 创建

20 世纪 30 年代，杨·丁伯根(Jan Tinbergen)、拉格纳·弗里希(Ragnar Frisch)等经济学家在美国成立“世界计量经济学会”，创建了《计量经济学》杂志，提出了计量经济学的理论、方法、范围，界定了计量经济学的学科性质。

3. 发展

(1)20 世纪 30—60 年代为经典计量阶段，此阶段主要在经济理论的指导下建模，研究宏观经济问题。

(2)20 世纪 70 年代至今为非经典计量阶段，此阶段主要侧重微观分析，更加重视依据数据结构和性质建模，涌现出了诸如协整理论、对策论、贝叶斯方法等新的理论和方法，同时计算机技术得到广泛应用。

近年来，国内外在面板数据模型、非参数回归、时间序列等方面取得了诸多进展。目前，大数据的多样性和复杂性给计量经济学提出了新的挑战，其高维度、非结构和非线性等特点，势必促进计量经济学这一学科的进一步发展。

四、学科关系

拉格纳·弗里希指出，计量经济学是经济学、统计学、数学的交叉学科。

经济学中经济理论为建立模型提供指导，对经济因素的因果关系予以说明。实际上，计量模型就是经济理论的具体化，纵使时间序列分析中淡化了经济理论，但其分析过程也必须合乎经济逻辑与经济意义。样本数据的收集和整理依赖于统计学的方法，而模型的估计和检验则主要通过数学理论来进行。

五、计量经济学的应用软件

计量经济学实践性极强，要想掌握好，就必须理论与实操并重。因此，熟练运用一种计量软件是相关人员不可或缺的技能。下面对用于计量分析的软件进行简介。

1. EViews

EViews 为计量分析的主流软件，它由经济学者开发，是主要应用于经济领域的计量专业软件。它长于回归分析、时间序列分析、截面数据分析，提供了丰富的函数和处理命令，处理结果多样化(文本、表格、图形)，操作简便，支持编程功能。

本书中的示例都采用 EViews 进行分析处理。

2. Stata

Stata 为计量分析的主流软件，它提供了丰富的软件包支持计量的分析处理，对于巨量数据处理尤其擅长，扩展性较好，以命令、编程方式操作而具有极大的灵活性。

3. R 语言

R 语言为计量经济学的主流软件，免费开源，它提供了应有尽有的计量分析处理功能，扩展性好，更新快，前沿性好，多以命令、编程方式操作。

4. 其他

其他常用的统计分析和数学、数据处理软件包括 SAS、SPSS、MATLAB、GAUSS 等，常用的编程语言包括 C、Python 等，它们也可用于计量分析处理。

第二节 基本概念

一、基本概念

凯恩斯宏观经济模型为：

$$\begin{cases}\text{消费方程：} C_t=\alpha_0+\alpha_1 Y_t+\varepsilon_{1t}\\ \text{投资方程：} I_t=\beta_0+\beta_1 Y_t+\beta_2 Y_{t-1}+\varepsilon_{2t}\\ \text{收入方程：} Y_t=C_t+I_t+G_t\end{cases} \tag{1.4}$$

其中，C_t——消费；

I_t——投资；

Y_t——收入；

G_t——政府支出；

ε_{1t}、ε_{2t}——随机误差项。

模型中的 t 表示当期(一般为年份)，如 Y_t 表示当期(当年)收入，Y_{t-1} 表示滞后 1 期(上一年)的收入。

1. 随机误差项

随机误差项的内容包罗万象，它代表了未在模型中出现的影响因素，影响微弱的因素，难以测量的影响因素，各种误差以及不确定的影响因素等。随机误差项又称随机扰动项、扰动项、随机项、误差项，一般用 ε、μ、υ、ν 等表示。

数理模型和计量模型的根本差别，在于前者体现确定性的因果关系，后者体现随机性的因果关系。随机因果的标志就是随机误差项。

有关随机误差项的讨论属于计量的基础理论，内容广泛而深刻。

2. 解释变量、被解释变量

在模型的因果关系中，起“因”作用的经济变量称为解释变量，起“果”作用的经济变量称为被解释变量。

单方程模型表达单一因果关系，解释变量和被解释变量之间的因果关系是确定的。

在联立模型中，不同方程体现了不同的因果关系，同一变量可能扮演着不同的因果角色。例如，在式(1.4)的投资方程中，Y_t 为解释变量，I_t 为被解释变量；在收入方程中，I_t 为解释变量，Y_t 为被解释变量。

3. 确定性变量、随机性变量

取值不受随机误差项影响的变量，称为确定性变量；取值受随机误差项影响的变量，称为随机性变量，简称随机变量。

在式(1.4)中，C_t、I_t 分别受到随机误差项 ε_{1t}、ε_{2t} 的影响，为随机变量。由

收入方程可知，Y_t受到随机变量 C_t、I_t的影响，也为随机变量。G_t、Y_{t-1}未受 ε_{1t}、ε_{2t}的影响，为确定性变量。

4. 参数

模型中的待定系数称为参数。

在式(1.4)中，消费方程的参数包括 α_0、α_1，投资方程的参数包括 β_0、β_1、β_2。

二、数据类型

经济对象的数据是计量分析的前提。经济数据一般有对象和时间两个维度，常见的经济数据有以下几种形式。

1. 时间序列数据

时间序列数据是指同一经济对象在不同时间的数据，示例如表 1.1 所示。

表 1.1 ×企业 1990—2020 年经济指标 （单位：千万元）

年份	资产	营收	…
1990	167.6	64.3	…
1991	211.7	71.6	…
…	…	…	…

2. 截面数据

截面数据是指不同经济对象在同一时间的数据，示例如表 1.2 所示。

表 1.2 ××地区 2022 年规模企业的经济指标 （单位：亿元）

企业	资产	营收	…
A 企	30.6	28.3	…
B 企	19.2	11.5	…
…	…	…	…

3. 面板数据

面板数据是指不同经济对象在不同时间的数据，示例如表 1.3 所示。

表 1.3 ××地区 1980—2020 年重点企业的经济指标 （单位：亿元）

年份	A 企业			B 企业			C 企业		
	资产	营收	…	资产	营收	…	资产	营收	…
1980	38.1	2.3	…	113	5.2	…	23.2	1.75	…
1981	41.9	2.7	…	116	5.7	…	23.8	1.78	…
…	…	…	…	…	…	…	…	…	…

4. 虚拟数据

虚拟数据是对品质性数据进行量化处理后得到的数据。

【例 1.1】研究受教育水平对居民个体收入的影响，如果将居民受教育水平粗略地划分为受过高等教育、中等教育、初等教育三种类型，那么可用 D_1、D_2 两个变量对三种教育水平进行划分：

$$D_1=\begin{cases}1 & \text{受过高等教育}\\0 & \text{其他}\end{cases},\quad D_2=\begin{cases}1 & \text{受过中等教育}\\0 & \text{其他}\end{cases} \tag{1.5}$$

三、方程类型

1. 行为方程

描述经济理论所揭示的经济变量之间的因果关系的方程称为行为方程，它是计量模型的基本形式。

【例 1.2】研究某种商品的消费 C 受到价格 P、可替代商品价格 P_0、消费者收入水平 I、消费偏好 T 的影响。

将 P、P_0、I、T、C 视作消费行为(活动)的参与者，P、P_0、I、T 为因，导致 C 的行为结果。如果以最简单的线性函数描述这一基本、直接的因果关系，就得到以下方程：

$$C=\beta_0+\beta_1 P+\beta_2 P_0+\beta_3 I+\beta_4 T+\varepsilon \tag{1.6}$$

2. 技术方程

对经济变量之间的关系进行推断的方程称为技术方程。例如，研究要素投入与产出的生产函数就是技术方程。以柯布-道格拉斯(Cobb-Douglas，C-D)生产函数模型为例：

$$Q=AK^{\alpha}L^{\beta}\mathrm{e}^{\varepsilon} \tag{1.7}$$

其中，Q——某种商品产出；

A——技术；

K——资本；

L——劳动力。

在此模型研究中，人们的主要关注点不是 Q 与 K、L 之间的因果关系，而是参数的估计结果：

(1)当 $\alpha+\beta>100\%$ 时，属递增报酬型，按照现有技术水平，扩大生产规模增加产出是有利的；

(2)当 $\alpha+\beta=100\%$ 时，属不变报酬型，生产效率并不会随生产规模的扩大而提高，只有提高技术水平，才能提高经济效益；

(3)当 $\alpha+\beta<100\%$ 时，属递减报酬型，按照现有技术水平，扩大生产规模增加产出得不偿失。

3. 恒等方程

由经济意义、指标平衡、法规制度等所决定的变量关系常常体现为恒等式，即构成恒等方程。例如，用进口总额解释关税收入，国内生产总值(gross domestic product，GDP)为第一、二、三产业的产值之和。

克莱因(Klein)战时宏观经济模型为：

$$\begin{cases} C_t=\alpha_0+\alpha_1 P_t+\alpha_2 P_{t-1}+\alpha_3(WP_t+WG_t)+\varepsilon_{1t} & ① \\ I_t=\beta_0+\beta_1 P_t+\beta_2 P_{t-1}+\beta_3 K_{t-1}+\varepsilon_{2t} & ② \\ WP_t=\gamma_0+\gamma_1(Y_t+T_t-WG_t)+\gamma_2(Y_{t-1}+T_{t-1}-WG_{t-1})+\gamma_3 t+\varepsilon_{3t} & ③ \\ Y_t=C_t+I_t+G_t-T_t & ④ \\ P_t=Y_t-WP_t-WG_t & ⑤ \\ K_t=K_{t-1}+I_t & ⑥ \end{cases} \tag{1.8}$$

其中，消费 C_t、净投资 I_t、私企工资 WP_t、税后国民收入 Y_t、私企利润 P_t、期末资本存量 K_t 为内生变量，政府非工资支出 G_t、政府工资支出 WG_t、税收 T_t、时间 t 为外生变量。

方程①②③为行为方程，分别为消费方程、投资方程、私企工资方程；方程④⑤⑥为恒等方程，分别为国民收入恒等式、私企利润恒等式、资本存量恒等式。

计量模型中的行为方程、技术方程一般包含待定参数，且受到随机误差项 ε 的影响，为随机方程。它们是经济因素之间因果关系的直接体现，是模型的根本和核心，构成了模型的基本框架。

恒等方程不包含待定参数，体现了一种确定性的数量关系。有时，恒等方程解释内生变量与其他变量之间的关系，为行为方程服务。

第三节 计量经济学的建模过程

一、陈述理论

计量经济学研究的源问题，来自现实经济活动的客观实践。计量模型的建立，应在经济理论的指导下进行。

1. 基本的经济理论

我们研究的任何经济问题，总有适合的基本经济理论与之对应，不得违背理论所阐释的经济规律。

例如，在研究居民消费问题时，基本的消费需求理论告诉我们，消费需求受到收入水平、当地物价水平、消费倾向等诸多因素的影响，其中消费水平与收入水平正相关，与物价水平负相关。建立模型时，必须与之相合。

2. 可资比较的经济理论

从不同的角度看，经济理论往往有不同的形式和结论。例如，图 1.1 所示的几种不同的消费理论就有不同的视角。依据不同理论建立的模型，必然体现不同的观点。

凯恩斯（Keynes） 绝对收入消费理论	杜森贝里 （Duesenberry） 相对收入消费理论	弗里德曼（Friedman） 持久收入消费理论	莫迪利亚尼 （Modigliani） 生命周期消费理论

图 1.1　不同的消费理论

3. 理论的最新发展、趋势、热点

任何理论都是适应社会的变化而不断发展的，建模时应追踪理论的新发展、新趋势。例如，在讨论农村居民消费问题时，应考虑到近年来实施的精准扶贫、乡村振兴战略，以及此形势下新的理论论述和新的实践论证。

二、建立模型

建立计量模型时，要体现经济行为的内在规律，尽量保持对经济历史数据有较好的贴合。基本的原则就是要遵循经济理论、经济规律，根据经济问题的历史数据，具体问题具体分析，“一问题一模型”。没有僵化固守的理论，也没有一成不变的模型。

1. 确定变量

根据经济理论，界定所研究经济问题被影响因素及其主要影响因素。对每一个经济问题，应兼顾原则性、灵活性，具体分析。

【例 1.3】分析下面的两个国内企业，建立生产函数模型：

(1)某箱包企业；

(2)某电力能源企业。

分析：同为国内企业，同为建立生产函数模型，能否选取相同的影响因素，建立相同的模型？

对于箱包企业，由于国内箱包市场供大于需，属于买方市场。应根据市场理论建立模型，可确定的影响因素(解释变量)为价格 P、收入 I、消费者物价指数 CPI 等。

对于电力能源企业，由于国内能源市场需大于供，基本属于卖方市场。应根据要素理论建立模型，可确定的影响因素(解释变量)为技术 A、资本 K、劳动力 L 等。

2. 建立模型

根据经济理论确定变量后，随之而来的就是确定变量之间的函数关系。如果

有成熟的模型，也可直接借鉴，在已有基础上适当调整即可，甚至可以根据数据特征调整后套用模型。

对于简单的因果关系，可根据每个解释变量 X_i 逐一和被解释变量 Y 所作的散点图，观察其间近似的函数关系；对于复杂的因果关系，可通过格兰杰因果关系检验后，再作散点图近似判断。

在计量实践中，模型一般以线性函数、幂函数、指数函数、对数函数这四大类基本初等函数及其复合的形式出现。

三、收集数据

1. 基本原则

收集数据时，应确保数据满足以下性质。

(1)客观性：数据必须真实、准确，不得造假。

(2)一致性：数据具有相同的统计口径、量纲，相同的比对评价标准。

(3)系统性：数据的体系完整，能对所研究问题进行全方位、多层次的描述，各个子项无缺失。

(4)独立性：数据之间应相对独立，尽量减少不必要的数据。

(5)可得性：有的数据基于法律法规、商业机密等不能获取，有的数据基于客观、技术等原因难以获取，考虑研究主题时，不能只考虑题目的光鲜亮丽，应该事先对相关数据的可得性进行确认。

对于难以量化、不易获取的数据，可用等价的因素替换。例如，确定国际市场纺织品的需求时，可用往年的交易额替代。

2. 数据检测与整理

收集数据后，一般应先进行初步检测再使用。数据的初步检测包括以下三个方面的内容。

(1)变量与样本数据的一致性。例如，是否误将企业数据作为行业数据，是否误将人均消费作为总量消费等。

(2)样本数据的可比性。例如，不同地区的消费水平比对是否考量了收入水平因素，不同时期的商品价格是否考量了物价水平。

(3)同一经济对象的时间序列数据是否有奇异值。一般而言，计量模型以及计量工具，只对自然、规律波动的经济数据有良好的解释效果。

如图 1.2 所示，我国人均粮食产量(1949—2008 年)在 1960 年前后出现了异常波动。在实际工作中，遇到数据出现异常波动时，应或调整模型结构，或对数据做适当的技术处理(如平滑、季节变动等)，然后使用数据，同时给出相应的说明和依据。

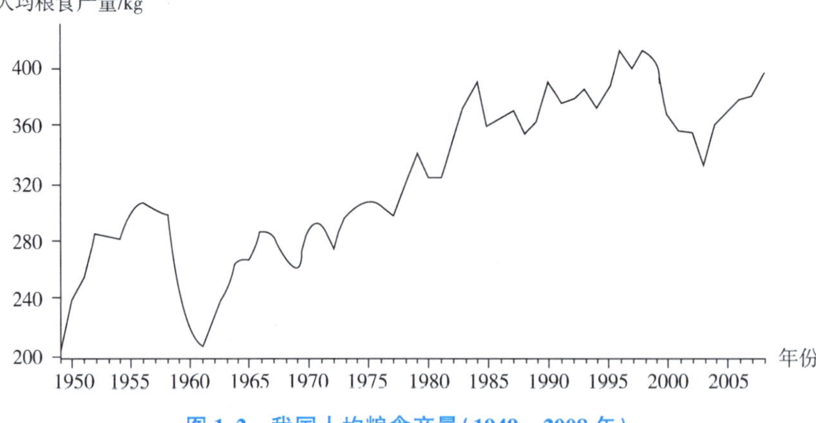

图 1.2　我国人均粮食产量(1949—2008 年)

四、估计模型

估计模型就是用数理方法计算模型中的待定参数，使得结果中不再包含随机误差项。

普通最小二乘法(ordinary least squares，OLS)是经典模型的最基本的估计方法。此外，极大似然法、广义最小二乘法(generalized least squares，GLS)、差分法、广义矩估计(generalized method of moments，GMM)、工具变量法、近似逼近法等也是计量模型估计的重要分析方法。

五、检验模型

建立估计模型后，须对模型进行检验后方可应用。否则，依据模型结果所得的各种推断，都是不可靠的。

1. 经济意义检验

从经济意义和理论角度，对模型的估计结果进行的基本判断，就是经济意义检验，包括对参数的正负符号、参数的预期范围、参数之间的数量关系等的判断。

【例 1.4】某省 1978—1999 年粮食生产模型为：

$$\hat{Y}=2\,530.422+4.155\,6X_1+0.211\,0X_2-0.349\,7X_3+0.160\,4X_4$$

$$(3.027\,6)\quad(4.112\,3)\quad(1.418\,5)\quad(-0.383\,5)\quad(-1.841\,1)$$

$$R^2=0.937\,391,\ F=67.374\,83,\ \mathrm{DW}=2.521\,469$$

其中，Y——粮食产量，单位为万吨；

X_1——化肥用量，单位为万吨；

X_2——农机动力，单位为万千瓦；

X_3——有效灌溉面积，单位为千公顷；

X_4——农牧渔劳动力，单位为万人；

R^2——拟合优度；

F——F 检验统计量值；

DW——DW 检验统计量值。

有效灌溉面积 X_3 的系数为-0.349 7，表明 X_3 与 Y 负相关，显然不符合经济意义。

2. 统计检验

从样本数据的角度，用概率统计的方法，对模型的估计结果进行的可靠性判断，就是统计检验。

常见的统计检验包括 R^2 检验、t 检验、F 检验、DW 检验、χ^2 检验等。

在例 1.4 中，统计量 $R^2=0.937\,391$ 较接近 100%，以当前样本，可以粗略地看作模型对实际粮食产量的拟合程度为 93.739 1%，有较好的拟合效果。

统计量 $F=67.374\,83$ 较大，通过 F 检验，以当前样本，可以认为模型整体显著。

X_2、X_3、X_4 的 t 统计量的绝对值 1.418 5、0.383 5、1.841 1 都较小，未通过 t 检验，以当前样本，可以认为 X_2、X_3、X_4 对 Y 无显著影响。

3. 计量检验

从模型结果、变量关系、数据变动、随机误差项等角度，用计量经济学的专门方法(本质上仍是数理方法)，对经济系统的内在问题(包括模型结构、变量间的因果关系、变量间的相关性、变量变化的稳定性等)进行的检验，就是计量检验。

常见的计量检验包括自相关性、异方差性、共线性、平稳性、因果性、信息准则等。

在例 1.4 中，假定样本数据基本准确。有效灌溉面积 X_3 当然是粮食产量 Y 的主要影响因素之一，估计结果中其系数为负，显然不合常理。通过共线性检验，可知导致这一反常现象的原因是各解释变量 X_1、X_2、X_3、X_4 之间存在着严重的共线性。

4. 预测检验

预测检验是指对参数估计量的稳定性判断以及拟合值的准确性判断。采用不同的样本，重新估计模型，判断前后两次参数的估计量之间是否存在显著差异，从而得出参数估计值相对稳定性的判断结论。

至于拟合值的准确性判断，是指样本内的拟合值的准确程度判断，以及样本外的未来值的准确程度判断。这种准确性判断，一般有点预测和区间预测两种形式。

只有通过了以上各种检验，模型才具备科学性，可以用来分析解释经济管理中存在的问题及其原因，为科学决策提供数据支撑。

六、模型应用

1. 结构分析

结构分析是对经济问题中各影响因素之间相互关系的判断，它是最基本、最常见的应用，包括边际分析、弹性分析、乘数分析等几个方面。

【例 1.5】某种商品需求 Q 与收入 I、价格 P 的模型为：

$$\ln \hat{Q}=1.783\,377+0.952\,187\ln I-0.335\,560\ln P$$
$$(8.017\,0)\quad(11.589\,4)\quad\quad(-8.577\,1)$$
$$R^2=0.094\,080\,9,\ F=79.472\,02,\ \mathrm{DW}=1.655\,690$$

此模型中函数形式为双对数形式，可直接进行弹性分析。$\ln I$ 的系数为 0.952 187，其经济意义为收入 I 每增加 1%，需求 Q 增加 0.952 187%。与之类似，价格 P 每增加 1%，需求 Q 减少 0.335 560%。

2. 政策评价

任何一个理性的宏观政策，在其实施的过程中不具可撤销性。因此，计量经济模型能起到“经济政策测试场”的作用。

通常，将经济决策目标作为被解释变量，各种宏观调控因素充当解释变量，再结合宏观经济系统的影响因素对应的解释变量，形成一个系统模型，拟合不同的调控因素对决策目标的影响效果，从而选择较优的政策决策，可以最大程度地避免一个不合理的经济政策对国计民生的负面影响。

3. 预测

根据历史数据，对未来的某个结果进行推测。在理想状态下，这种预测本质上是经济对象内生规律的一种再现，具有一定的合理性。令人遗憾的是，经济运行复杂多变，经济规律常常被一些异常所打断，这种状态下的预测必然失灵，这也正是模型的局限所在。

【例 1.6】根据 1978—2015 年的数据，四川省人均消费模型为：

$$\hat{C}_t=720.939\,9+0.274\,988Y_t \tag{1.9}$$

初步推测四川省 2016 年的人均地区生产总值为：$Y_{2016}=38\ 800$ 元。

预测 2016 年该省的人均消费为：$\hat{C}_{2016}=11\ 390$ 元。

4. 检验与发展经济理论

按照某种预设的理论建立计量模型，若该模型具有良好的解释效果，各种检验也通过，则证明理论的合理性。此外，用客观经济数据拟合各种模型，最优者即经济规律，可提炼为理论。

经典回归模型的主要应用领域包括生产函数、需求函数、消费函数、投资函数、货币需求函数、宏观经济模型等方面。

习题一

1. 为什么说计量经济学是一门经济学科？其研究对象是什么？
2. 数理模型和计量模型的差异何在？随机误差项 ε 包含哪些内容？
3. 利用计量工具分析经管类问题时，一般包含哪些步骤？
4. 简述统计检验的内容。
5. 简述计量检验的内容。

第二章 经典回归模型

本章主要介绍经典回归模型的基本理论，包括一元、多元线性模型的回归分析，回归方程的矩阵形式，模型的最小二乘法估计，模型的统计检验等，这些内容是计量经济学的基础理论。

第一节 经典回归模型概述

一、回归分析

1. 相关关系与相关分析

相关关系是指变量之间所表现的随机关联性。

相关分析是对具有相关关系的随机变量之间的相关程度的分析，一般形成的分析结果是相关系数。

相关关系揭示两个经济变量在统计意义上存在着某种联系，并不意味两个变量在经济意义上存在内在联系。例如，我国的 GDP 和印度的人口，两者在一段时期内均有较高的增长速度，有近似增长曲线，仅在统计上具有较强的关联性。

2. 因果关系与回归分析

因果关系是一种特殊的相关关系，变量之间不仅有随机关联性，更在行为机制上具有内在依赖性，一者变化，必然引起另一者变化。

在现实经济问题中，各种经济因素之间必然存在这种内在的依存关系，即因果关系。一个简单的经济关系可体现为一因一果、多因一果，较为复杂的经济关系则体现为多因多果、互为因果。

回归分析是指对具有因果关系的随机变量(被解释变量)与其他若干变量(解释变量)之间的因果关系进行的分析，形成的分析结果就是回归方程。

例如，企业的产出受到生产规模(资本投入)的重大影响，后者的变化必然引起前者的变化，两者具有因果关系，可进行回归分析。

简而言之，变量之间存在统计上的依赖关系，无因果关系时可做相关分析，有因果关系时则做回归分析。

二、回归方程及其矩阵形式

数学背景知识

常见的线性方程组及矩阵形式示例：

$$\begin{cases} a_{11}x_1 + a_{12}x_2 + a_{13}x_3 = b_1 \\ a_{21}x_1 + a_{22}x_2 + a_{23}x_3 = b_2 \end{cases}$$

$$\begin{pmatrix} a_{11} & a_{12} & a_{13} \\ a_{21} & a_{22} & a_{23} \end{pmatrix} \begin{pmatrix} x_1 \\ x_2 \\ x_3 \end{pmatrix} = \begin{pmatrix} b_1 \\ b_2 \end{pmatrix}$$

$$\boldsymbol{A} \quad \boldsymbol{X} = \boldsymbol{B}$$

1. 问题引入

【例 2.1】研究本企业渠道投入 X_1，和同行竞争企业渠道投入 X_2，分别对企业销售收入 Y 的影响。

(1)建立总体回归模型为：

$$Y=\beta_0+\beta_1X_1+\beta_2X_2+\varepsilon \tag{2.1}$$

(2)样本数据如表 2.1 所示。

表 2.1 样本数据

X_1	3	5	6	7	9
X_2	5	5	6	6	8
Y	2	4	5	7	8

2. 样本回归方程组及矩阵形式

将每组样本逐一代入总体回归模型，且考虑到在每个样本点上有着不同随机误差项 ε_i，得到下面的方程组：

$$\begin{cases} 2 = \beta_0 + \beta_1 \cdot 3 + \beta_2 \cdot 5 + \varepsilon_1 \\ 4 = \beta_0 + \beta_1 \cdot 5 + \beta_2 \cdot 5 + \varepsilon_2 \\ 5 = \beta_0 + \beta_1 \cdot 6 + \beta_2 \cdot 6 + \varepsilon_3 \\ 7 = \beta_0 + \beta_1 \cdot 7 + \beta_2 \cdot 6 + \varepsilon_4 \\ 8 = \beta_0 + \beta_1 \cdot 9 + \beta_2 \cdot 8 + \varepsilon_5 \end{cases} \tag{2.2}$$

与线性方程组的情形完全类似，对应的矩阵形式为：

$$\begin{pmatrix}2\\4\\5\\7\\8\end{pmatrix}=\begin{pmatrix}1&3&5\\1&5&5\\1&6&6\\1&7&6\\1&9&8\end{pmatrix}\begin{pmatrix}\beta_0\\\beta_1\\\beta_2\end{pmatrix}+\begin{pmatrix}\varepsilon_1\\\varepsilon_2\\\varepsilon_3\\\varepsilon_4\\\varepsilon_5\end{pmatrix} \tag{2.3}$$

引入记号：

$$\boldsymbol{Y}=\begin{pmatrix}2\\4\\5\\7\\8\end{pmatrix},\ \boldsymbol{X}=\begin{pmatrix}1&3&5\\1&5&5\\1&6&6\\1&7&6\\1&9&8\end{pmatrix},\ \boldsymbol{B}=\begin{pmatrix}\beta_0\\\beta_1\\\beta_2\end{pmatrix},\ \boldsymbol{N}=\begin{pmatrix}\varepsilon_1\\\varepsilon_2\\\varepsilon_3\\\varepsilon_4\\\varepsilon_5\end{pmatrix} \tag{2.4}$$

则样本回归方程组的矩阵形式简记为：

$$\boldsymbol{Y}=\boldsymbol{XB}+\boldsymbol{N} \tag{2.5}$$

3. 样本数据、样本回归方程组、矩阵形式的对应关系

由表 2.1，以及式(2.2)、式(2.3)容易看出三者具有如下对应关系：

Y的样本	β_0的系数	X_1的样本	X_2的样本	待定参数	随机误差项

$$\begin{pmatrix}2\\4\\5\\7\\8\end{pmatrix}=\begin{pmatrix}1&3&5\\1&5&5\\1&6&6\\1&7&6\\1&9&8\end{pmatrix}\begin{pmatrix}\beta_0\\\beta_1\\\beta_2\end{pmatrix}+\begin{pmatrix}\varepsilon_1\\\varepsilon_2\\\varepsilon_3\\\varepsilon_4\\\varepsilon_5\end{pmatrix}$$

$$\boldsymbol{Y}\ =\ \boldsymbol{X}\quad\boldsymbol{B}\ +\ \boldsymbol{N} \tag{2.6}$$

式(2.6)中有 2 个解释变量、3 个待定参数、5 组样本，分别用符号 k($k=2$)、$k+1$($k+1=3$)、n($n=5$)表示。

样本容量 n、待定参数个数 $k+1$ 决定着矩阵 $\boldsymbol{Y}$、$\boldsymbol{X}$、$\boldsymbol{B}$ 以及 $\boldsymbol{N}$ 的阶数。

式(2.6)揭示了总体回归模型、样本、样本回归方程组，与矩阵形式之间的对应关系。依据这种对应关系，可直接由总体模型和样本数据得出样本回归方程组的矩阵形式。

【例 2.2】研究某饮品价格 P 对消费 C 的影响。试写出该问题的线性回归模型的矩阵形式。

设定模型为：

$$C = \alpha + \beta P + \varepsilon \tag{2.7}$$

样本数据如表 2.2 所示。

表 2.2　样本数据

P	2	3	2	4	4
C	7	4	5	3	2

由总体回归模型和样本数据，直接得到样本回归方程组的矩阵形式为：

$$\begin{pmatrix}7\\4\\5\\3\\2\end{pmatrix} = \begin{pmatrix}1 & 2\\1 & 3\\1 & 2\\1 & 4\\1 & 4\end{pmatrix}\begin{pmatrix}\alpha\\\beta\end{pmatrix} + \begin{pmatrix}\varepsilon_1\\\varepsilon_2\\\varepsilon_3\\\varepsilon_4\\\varepsilon_5\end{pmatrix} \tag{2.8}$$

$$\boldsymbol{Y} = \boldsymbol{X} \quad \boldsymbol{B} + \boldsymbol{N}$$

三、经典回归模型的一般形式

【例 2.3】研究经济变量 Y 受到经济变量 X_1，X_2，…，X_k的影响。

设定模型为：

$$Y = \beta_0 + \beta_1 X_1 + \beta_2 X_2 + \cdots + \beta_k X_k + \varepsilon_i \tag{2.9}$$

一般形式样本如表 2.3 所示。

表 2.3　一般形式样本

X_1	X_{11}	X_{12}	…	X_{1n}
X_2	X_{21}	X_{22}	…	X_{2n}
…	…	…	…	…
X_k	X_{k1}	X_{k2}	…	X_{kn}
Y	Y_1	Y_2	…	Y_n

样本回归方程组为：

$$\begin{cases} Y_1 = \beta_0 + \beta_1 X_{11} + \beta_2 X_{21} + \cdots + \beta_k X_{k1} + \varepsilon_1 \\ Y_2 = \beta_0 + \beta_1 X_{12} + \beta_2 X_{22} + \cdots + \beta_k X_{k2} + \varepsilon_2 \\ \qquad\qquad\qquad\vdots \\ Y_n = \beta_0 + \beta_1 X_{1n} + \beta_2 X_{2n} + \cdots + \beta_k X_{kn} + \varepsilon_n \end{cases} \tag{2.10}$$

矩阵形式为：

$$\begin{pmatrix} Y_1 \\ Y_2 \\ \vdots \\ Y_n \end{pmatrix} = \begin{pmatrix} 1 & X_{11} & X_{21} & \cdots & X_{k1} \\ 1 & X_{12} & X_{22} & \cdots & X_{k2} \\ \vdots & \vdots & \vdots & & \vdots \\ 1 & X_{1n} & X_{2n} & \cdots & X_{kn} \end{pmatrix} \begin{pmatrix} \beta_0 \\ \beta_1 \\ \vdots \\ \beta_k \end{pmatrix} + \begin{pmatrix} \varepsilon_1 \\ \varepsilon_2 \\ \vdots \\ \varepsilon_n \end{pmatrix} \tag{2.11}$$

$$\boldsymbol{Y} = \boldsymbol{X} \quad \boldsymbol{B} + \boldsymbol{N}$$

第二节 经典回归模型的估计

数学背景知识

设离散型随机变量 X 的分布如表 2.4 所示。

表 2.4 离散型随机变量 X 的分布

X_i	−1	0	2
P_i	0.1	0.6	0.3

(1) 期望：$E(X)=\mu_x=\sum X_i P_i=-1\cdot 0.1+0\cdot 0.6+2\cdot 0.3=0.5$。

期望反映随机变量的平均水平。

(2) 方差：$D(X)=\sigma_x^2=E[X-E(X)]^2E(X^2)-E^2(X)=\sum [X_i-\mu_x]^2 P_i=(-1-0.5)^2\cdot 0.1+(0-0.5)^2\cdot 0.6+(2-0.5)^2\cdot 0.3=1.05$。

方差反映随机变量的波动状态。

(3) 协方差：$\mathrm{Cov}(X,\ Y)=E[(X-\mu_x)(Y-\mu_y)]=E(XY)-\mu_x\mu_y$。

协方差反映两随机变量是否相互独立，为 0 则相互独立。

(4) 相关系数：$r_{xy}=\dfrac{\mathrm{Cov}(X,\ Y)}{\sigma_x\sigma_y}$。

相关系数反映两随机变量之间的线性相关性，为 0 则无线性相关性，为 ±1 则完全线性相关。

一、统计假设

在获取样本数据以后，虽然模型设定为最简单的线性函数形式，但并非可以无条件地估计出模型中的参数。为此，必须为模型中的随机误差项 ε_i 、解释变量 X_j 设定必要的限制条件。

1. 经典回归模型的统计假设

1）随机误差项期望为 0：$E(\varepsilon_i)=0$

此假设的意义在于，要求随机误差项 ε_i 是微末影响因素，不对被解释变量 Y 构成结构性的影响。在同一样本点，各种微末随机影响相互抵消后，微小至可以被忽略，ε_i 的总和基本趋于 0，则 ε_i 的期望也为 0。

2）随机误差项相互独立：$\mathrm{Cov}(\varepsilon_i,\ \varepsilon_j)=0(i\neq j)$

此假设的意义在于，在不同样本点（$i\neq j$），当然有不同的随机误差项（$\varepsilon_i\neq\varepsilon_j$），但要求 A 点的随机误差项与 B 点的随机误差项彼此无交集，相互独立。例如，今年的随机误差项与去年的随机误差项不相关。

$\mathrm{Cov}(\varepsilon_i,\ \varepsilon_j)=0$ 体现了 ε_i、ε_j 之间无线性相关性。

3）随机误差项同方差：$D(\varepsilon_i)=\sigma^2$

此假设的意义在于，在不同样本点（$i\neq j$），尽管随机误差项各不相同（$\varepsilon_i\neq\varepsilon_j$），但其波动大体应保持一致。例如，甲地区的随机误差项与乙地区的随机误差项波动情况相同。

4）随机误差项服从正态分布：$\varepsilon_i\sim N(0,\ \sigma^2)$

正态分布现象是自然界、人类社会及其活动中最基本、最普遍存在的随机现象。

此假设的意义在于，假定经济活动中这些微末影响因素是大众化、普通化的，而非某种独特的随机因素。

5）解释变量 X_i 为确定性变量

此假设的意义在于，可以使用 OLS 估计模型。若 X_i 为随机性变量，将给模型的估计带来复杂性，使得 OLS 不能直接使用。

6）解释变量 X_i 之间无线性关系

此假设的意义在于，建立模型时，应选取相互独立的经济变量作为解释变量，尽可能地简化模型。如果解释变量之间存在严格的线性关系，将导致基本的 OLS 估计失败。

2. 统计假设之矩阵描述

（1）$E(\boldsymbol{N})=\boldsymbol{O}$。

（2）$\mathrm{Var\text{-}Cov}(\boldsymbol{N})=\sigma^2\boldsymbol{I}$，其中 $\boldsymbol{I}$ 是 n 阶单位矩阵。

（3）$\boldsymbol{N}\sim N(0,\ \sigma^2)$。

（4）$\boldsymbol{X}$ 是确定性元素矩阵。

（5）$r(\boldsymbol{X})=k+1$，即 $\boldsymbol{X}$ 按列满秩。

以上的统计假设，可以看成净化经典回归模型的求解环境，为使用基本的 OLS 创造条件。实际上，我们还隐含假定了回归模型是正确设定的，且解释变量

X 的样本方差是一有限常数(至少，样本容量 $n\to\infty$ 时，解释变量 X_i 的样本方差趋于一有限常数)。

数学背景知识

多元函数极值的必要条件如下。

若函数 $y=f(x_1, x_2, \cdots, x_n)$ 在点 $M(x_{10}, x_{20}, \cdots, x_{n0})$ 处存在 1 阶偏导，则点 M 有极值的必要条件是在该点的偏导为 0：

$$\begin{cases}\dfrac{\partial f}{\partial x_1}=0\\ \dfrac{\partial f}{\partial x_2}=0\\ \vdots\\ \dfrac{\partial f}{\partial x_n}=0\end{cases} \tag{2.12}$$

二、经典回归模型的估计

模型的估计就是根据样本，采用一定的计算方法，求解模型中的参数，消除模型中的随机误差项。

为了较好地说明 OLS 的基本思想，以及回归参数矩阵形式的推导过程，下面以例 2.1 的销售收入模型为例：

$$Y=\beta_0+\beta_1X_1+\beta_2X_2+\varepsilon \tag{2.13}$$

为此，需将表 2.1 的样本数据抽象化，结果如表 2.5 所示。

表 2.5　抽象化的样本

X_1	X_{11}	X_{12}	X_{13}	X_{14}	X_{15}
X_2	X_{21}	X_{22}	X_{23}	X_{24}	X_{25}
Y	Y_1	Y_2	Y_3	Y_4	Y_5

同时，假定解释变量 X_1、X_2，随机误差项 ε_i 满足经典回归模型的统计假设 1)~6)，则式(2.13)的样本回归方程组对应的矩阵形式为：

$$\begin{pmatrix}Y_1\\Y_2\\Y_3\\Y_4\\Y_5\end{pmatrix}=\begin{pmatrix}1 & X_{11} & X_{21}\\1 & X_{12} & X_{22}\\1 & X_{13} & X_{23}\\1 & X_{14} & X_{24}\\1 & X_{15} & X_{25}\end{pmatrix}\begin{pmatrix}\beta_0\\\beta_1\\\beta_2\end{pmatrix}+\begin{pmatrix}\varepsilon_1\\\varepsilon_2\\\varepsilon_3\\\varepsilon_4\\\varepsilon_5\end{pmatrix} \tag{2.14}$$

1. OLS 的基本思想

我们希望估计所得的参数，是使模型结果“最优”的。这个最优，可以用最小的拟合误差(见图 2.1)来体现。

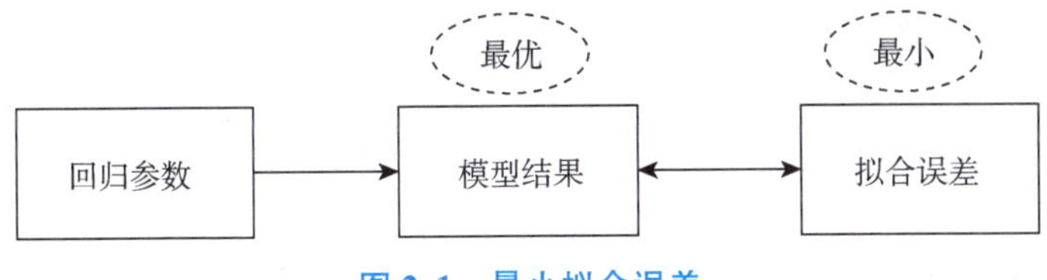

图 2.1　最小拟合误差

假定式(2.13)中的参数 β_0、β_1、β_2已经解出，其结果是 $\hat{\beta}_0$、$\hat{\beta}_1$、$\hat{\beta}_2$ 。将解释变量 X_1、X_2的第 i 组样本 X_{1i}、X_{2i}代入下式：

$$\hat{\beta}_0 + \hat{\beta}_1 X_1 + \hat{\beta}_2 X_2$$

所得的计算结果以 $\hat{Y}_i$ 表示，称为样本 Y_i的拟合值，表示为：

$$\hat{Y}_i \Leftarrow \hat{\beta}_0 + \hat{\beta}_1 X_{1i} + \hat{\beta}_2 X_{2i}$$

在不引起混淆的情况下，将上式中的“ $\Leftarrow$ ”改为“ = ”：

$$\hat{Y}_i = \hat{\beta}_0 + \hat{\beta}_1 X_{1i} + \hat{\beta}_2 X_{2i} \tag{2.15}$$

现根据式(2.15)和表 2.5 中解释变量 X_1、X_2所有的样本值，计算得所有的拟合值 $\hat{Y}$：

$$\hat{Y}_1 = \hat{\beta}_0 + \hat{\beta}_1 X_{11} + \hat{\beta}_2 X_{21}$$

$$\hat{Y}_2 = \hat{\beta}_0 + \hat{\beta}_1 X_{12} + \hat{\beta}_2 X_{22}$$

$$\hat{Y}_3 = \hat{\beta}_0 + \hat{\beta}_1 X_{13} + \hat{\beta}_2 X_{23}$$

$$\hat{Y}_4 = \hat{\beta}_0 + \hat{\beta}_1 X_{14} + \hat{\beta}_2 X_{24}$$

$$\hat{Y}_5 = \hat{\beta}_0 + \hat{\beta}_1 X_{15} + \hat{\beta}_2 X_{25}$$

拟合值的矩阵形式为：

$$\begin{pmatrix} \hat{Y}_1 \\ \hat{Y}_2 \\ \hat{Y}_3 \\ \hat{Y}_4 \\ \hat{Y}_5 \end{pmatrix} = \begin{pmatrix} 1 & X_{11} & X_{21} \\ 1 & X_{12} & X_{22} \\ 1 & X_{13} & X_{23} \\ 1 & X_{14} & X_{24} \\ 1 & X_{15} & X_{25} \end{pmatrix} \begin{pmatrix} \hat{\beta}_0 \\ \hat{\beta}_1 \\ \hat{\beta}_2 \end{pmatrix} \tag{2.16}$$

$$\hat{\boldsymbol{Y}} \quad = \quad \boldsymbol{X} \qquad \hat{\boldsymbol{B}}$$

然后，将拟合值 $\hat{Y}$ 与 Y 的样本值逐一比较，计算两者之差：

$$e_i = Y_i - \hat{Y}_i \tag{2.17}$$

e_i 代表了一个真实值 Y_i 与其拟合值 $\hat{Y}_i$ 之间的差异，称为残差。

计算所有的残差，结果如表 2.6 所示。

表 2.6　样本值、拟合值、残差

Y_i	Y_1	Y_2	Y_3	Y_4	Y_5
$\hat{Y}_i$	$\hat{Y}_1$	$\hat{Y}_2$	$\hat{Y}_3$	$\hat{Y}_4$	$\hat{Y}_5$
e_i	e_1	e_2	e_3	e_4	e_5

我们需要把这些误差总括起来，同时必须避免它们正负抵消。最终以残差 e_i 的平方和构造一把衡量模型拟合程度的“尺子”，称为总残差，记为 RSS：

$$\begin{aligned} RSS &= \sum_{i=1}^{5} e_i^2 \\ &= \sum_{i=1}^{5} (Y_i - \hat{Y}_i)^2 \\ &= \sum_{i=1}^{5} [Y_i - (\hat{\beta}_0 + \hat{\beta}_1 X_{1i} + \hat{\beta}_2 X_{2i})]^2 \end{aligned} \tag{2.18}$$

如果 $\hat{\beta}_0$、$\hat{\beta}_1$、$\hat{\beta}_2$ 是参数的最优估计结果，必使得式(2.18)所示的 RSS 最小；反之，当 RSS 最小时，所解出的 $\hat{\beta}_0$、$\hat{\beta}_1$、$\hat{\beta}_2$ 是最优的。这就是 OLS 的思想方法。

2. 经典回归模型的 OLS 估计过程

由于样本 Y_i、X_{1i}、X_{2i} 已知，因此可将 RSS 视为关于 $\hat{\beta}_0$、$\hat{\beta}_1$、$\hat{\beta}_2$ 的函数：

$$\begin{aligned} RSS &= \sum_{i=1}^{5} [Y_i - (\hat{\beta}_0 + \hat{\beta}_1 X_{1i} + \hat{\beta}_2 X_{2i})]^2 \\ &= f(\hat{\beta}_0, \hat{\beta}_1, \hat{\beta}_2) \end{aligned} \tag{2.19}$$

显然，$f(\hat{\beta}_0, \hat{\beta}_1, \hat{\beta}_2)$ 是一个关于 $\hat{\beta}_0$、$\hat{\beta}_1$、$\hat{\beta}_2$ 的二次多项式函数，在任意一点都存在偏导数。根据多元函数极值的必要条件，以及式(2.19)的实际经济意义，必存在使得 RSS 最小的某个 $(\hat{\beta}_0, \hat{\beta}_1, \hat{\beta}_2)$ 的最值点，在该点处的偏导为 0。

由式(2.12)，对式(2.19)中的 $\hat{\beta}_0$、$\hat{\beta}_1$、$\hat{\beta}_2$ 分别求偏导，有：

$$
\begin{cases}
\dfrac{\partial f}{\partial \hat{\beta}_0} = \sum 2[Y_i - (\hat{\beta}_0 + \hat{\beta}_1 X_{1i} + \hat{\beta}_2 X_{2i})] \cdot (-1) = 0 \\
\dfrac{\partial f}{\partial \hat{\beta}_1} = \sum 2[Y_i - (\hat{\beta}_0 + \hat{\beta}_1 X_{1i} + \hat{\beta}_2 X_{2i})] \cdot (-X_{1i}) = 0 \\
\dfrac{\partial f}{\partial \hat{\beta}_2} = \sum 2[Y_i - (\hat{\beta}_0 + \hat{\beta}_1 X_{1i} + \hat{\beta}_2 X_{2i})] \cdot (-X_{2i}) = 0
\end{cases} \tag{2.20}
$$

整理后，有：

$$
\begin{cases}
\sum (\hat{\beta}_0 + \hat{\beta}_1 X_{1i} + \hat{\beta}_2 X_{2i}) = \sum Y_i \\
\sum X_{1i}(\hat{\beta}_0 + \hat{\beta}_1 X_{1i} + \hat{\beta}_2 X_{2i}) = \sum X_{1i} Y_i \\
\sum X_{2i}(\hat{\beta}_0 + \hat{\beta}_1 X_{1i} + \hat{\beta}_2 X_{2i}) = \sum X_{2i} Y_i
\end{cases} \tag{2.21}
$$

式(2.21)称为经典回归模型的正规方程组。

这是一个以 $\hat{\beta}_0$、$\hat{\beta}_1$、$\hat{\beta}_2$ 为未知数的三元一次方程组，解之即得经典模型中待定参数的解。

为推导解的矩阵形式，将式(2.21)变形为：

$$
\begin{cases}
\sum \hat{Y}_i = \sum Y_i \\
\sum X_{1i} \hat{Y}_i = \sum X_{1i} Y_i \\
\sum X_{2i} \hat{Y}_i = \sum X_{2i} Y_i
\end{cases} \tag{2.22}
$$

观察式(2.22)的左、右两端，对应矩阵为：

$$
\begin{pmatrix} 1 & 1 & 1 & 1 & 1 \\ X_{11} & X_{12} & X_{13} & X_{14} & X_{15} \\ X_{21} & X_{22} & X_{23} & X_{24} & X_{25} \end{pmatrix}
\begin{pmatrix} \hat{Y}_1 \\ \hat{Y}_2 \\ \hat{Y}_3 \\ \hat{Y}_4 \\ \hat{Y}_5 \end{pmatrix}
=
\begin{pmatrix} 1 & 1 & 1 & 1 & 1 \\ X_{11} & X_{12} & X_{13} & X_{14} & X_{15} \\ X_{21} & X_{22} & X_{23} & X_{24} & X_{25} \end{pmatrix}
\begin{pmatrix} Y_1 \\ Y_2 \\ Y_3 \\ Y_4 \\ Y_5 \end{pmatrix}
$$

正好是矩阵 $\boldsymbol{X}$ 的转置 $\boldsymbol{X}^{\mathrm{T}}$，分别乘以 $\hat{\boldsymbol{Y}}$、$\boldsymbol{Y}$，有：

$$
\boldsymbol{X}^{\mathrm{T}} \hat{\boldsymbol{Y}} = \boldsymbol{X}^{\mathrm{T}} \boldsymbol{Y}
$$

由式(2.16)知 $\hat{\boldsymbol{Y}} = \boldsymbol{X} \hat{\boldsymbol{B}}$，从而有：

$$
\boldsymbol{X}^{\mathrm{T}} \boldsymbol{X} \hat{\boldsymbol{B}} = \boldsymbol{X}^{\mathrm{T}} \boldsymbol{Y}
$$

当矩阵 $\boldsymbol{X}$ 满足统计假设6)时，逆矩阵 $(\boldsymbol{X}^{\mathrm{T}}\boldsymbol{X})^{-1}$ 存在，从而解出：

$$
\hat{\boldsymbol{B}} = (\boldsymbol{X}^{\mathrm{T}}\boldsymbol{X})^{-1} \boldsymbol{X}^{\mathrm{T}} \boldsymbol{Y} \tag{2.23}
$$

式(2.23)是经典回归模型估计的基本结论。

3. 一般形式模型的估计

尽管式(2.23)是由具有两个解释变量的式(2.13)以及表2.5所示的5个样本推导而得，但对于式(2.9)表示的模型的一般形式、样本容量为n(表2.3)的情形，也可以无障碍地类似推导出相同的结论。下面是几个主要环节的完全类似的结论。

$$\begin{cases}\dfrac{\partial f}{\partial \hat{\beta}_0}=\sum 2[Y_i-(\hat{\beta}_0+\hat{\beta}_1X_{1i}+\hat{\beta}_2X_{2i}+\cdots+\hat{\beta}_kX_{ki})]\cdot(-1)=0\\ \dfrac{\partial f}{\partial \hat{\beta}_1}=\sum 2[Y_i-(\hat{\beta}_0+\hat{\beta}_1X_{1i}+\hat{\beta}_2X_{2i}+\cdots+\hat{\beta}_kX_{ki})]\cdot(-X_{1i})=0\\ \dfrac{\partial f}{\partial \hat{\beta}_2}=\sum 2[Y_i-(\hat{\beta}_0+\hat{\beta}_1X_{1i}+\hat{\beta}_2X_{2i}+\cdots+\hat{\beta}_kX_{ki})]\cdot(-X_{2i})=0\\ \vdots\\ \dfrac{\partial f}{\partial \hat{\beta}_k}=\sum 2[Y_i-(\hat{\beta}_0+\hat{\beta}_1X_{1i}+\hat{\beta}_2X_{2i}+\cdots+\hat{\beta}_kX_{ki})]\cdot(-X_{ki})=0\end{cases}$$

整理后有：

$$\begin{cases}\sum \hat{Y}_i=\sum Y_i\\ \sum X_{1i}\hat{Y}_i=\sum X_{1i}Y_i\\ \sum X_{2i}\hat{Y}_i=\sum X_{2i}Y_i\\ \vdots\\ \sum X_{ki}\hat{Y}_i=\sum X_{ki}Y_i\end{cases}$$

$$\boldsymbol{X}^{\mathrm{T}}\hat{\boldsymbol{Y}}=\boldsymbol{X}^{\mathrm{T}}\boldsymbol{Y}$$

$$\hat{\boldsymbol{B}}=(\boldsymbol{X}^{\mathrm{T}}\boldsymbol{X})^{-1}\boldsymbol{X}^{\mathrm{T}}\boldsymbol{Y}$$

三、计算实例

【例2.4】根据例2.1中的模型设定和样本数据估计模型，并说明解释变量的回归参数的经济意义。

(1)已知：

$$\boldsymbol{Y}=\begin{pmatrix}2\\4\\5\\7\\8\end{pmatrix},\quad \boldsymbol{X}=\begin{pmatrix}1&3&5\\1&5&5\\1&6&6\\1&7&6\\1&9&8\end{pmatrix},\quad \boldsymbol{B}=\begin{pmatrix}\beta_0\\\beta_1\\\beta_2\end{pmatrix}$$

(2)估计模型为：

$$X^{\mathrm{T}}X=\begin{pmatrix}5 & 30 & 30\\ 30 & 200 & 190\\ 30 & 190 & 186\end{pmatrix},\quad X^{\mathrm{T}}Y=\begin{pmatrix}26\\ 177\\ 166\end{pmatrix}$$

$$(X^{\mathrm{T}}X)^{-1}=\begin{pmatrix}11 & 1.2 & -3\\ 1.2 & 0.3 & -0.5\\ -3 & -0.5 & 1\end{pmatrix}$$

$$\widehat{B}=(X^{\mathrm{T}}X)^{-1}X^{\mathrm{T}}Y=\begin{pmatrix}0.4\\ 1.3\\ -0.5\end{pmatrix} \tag{2.24}$$

模型的估计结果为：

$$\widehat{Y}=0.4+1.3X_1-0.5X_2 \tag{2.25}$$

用 EViews 估计此模型，输出结果如图 2.2 所示。

Variable	Coefficient	Std. Error	t-Statistic	Prob.
C	0.400000	1.658312	0.241209	0.8319
X1	1.300000	0.273861	4.746929	0.0416
X2	-0.500000	0.500000	-1.000000	0.4226

R-squared	0.978070	Mean dependent var	5.200000
Adjusted R-squared	0.956140	S.D. dependent var	2.387467
S.E. of regression	0.500000	Akaike info criterion	1.735292
Sum squared resid	0.500000	Schwarz criterion	1.500955
Log likelihood	-1.338230	Hannan-Quinn criter.	1.106354
F-statistic	44.60000	Durbin-Watson stat	2.500000
Prob(F-statistic)	0.021930		

图 2.2　EViews 输出结果

(3)解释变量的回归参数的经济意义。

本企业渠道投入 X_1 的回归系数 $\widehat{\beta}_1$ 的符号为正，符合预期，表示本企业渠道投入与本企业销售收入正向相关，具有经济意义。$\widehat{\beta}_1=1.3$ 在此线性模型中为本企业渠道投入的边际效应，表示本企业渠道投入每增加 1 个单位，销售收入增加 1.3 个单位。

同行竞争企业渠道投入 X_2 的回归系数 $\widehat{\beta}_2$ 的符号为负，符合预期，表示同行竞争企业渠道投入与本企业销售收入负相关，具有经济意义。$\widehat{\beta}_2=-0.5$ 在此线性模型中为同行竞争企业渠道投入的边际效应，表示同行竞争企业渠道投入每增加 1 个单位，销售收入减少 0.5 个单位。

四、回归分析结果报告

对模型进行估计、检验后，可形成一个综合分析报告。下面以图 2.2 所示的 EViews 方程对象窗口的相关数据为例，给出一个格式示例：

$$\widehat{Y}=0.4+1.3X_1-0.5X_2$$

$$(1.658\ 312)\ (0.273\ 861)\ (0.500\ 000)$$
$$t=(0.241\ 209)\ (4.746\ 929)\ (-1.000\ 000)$$
$$R^2=0.978\ 070,\ n=5,\ \mathrm{df}=2,\ F=44.600\ 00,\ \mathrm{DW}=2.500\ 000$$

其中，回归参数的估计标准误差(第二行)和 t 值(第三行)通常给出一个即可。估计标准误差便于置信区间的计算，t 值便于判断单参数的显著性。

第三节　OLS 估计结果说明

一、经典回归模型的正规方程组

经典回归模型的正规方程组为：

$$\begin{cases}\sum(\hat{\beta}_0+\hat{\beta}_1X_{1i}+\hat{\beta}_2X_{2i}+\cdots+\hat{\beta}_kX_{ki})=\sum Y_i \\ \sum X_{1i}(\hat{\beta}_0+\hat{\beta}_1X_{1i}+\hat{\beta}_2X_{2i}+\cdots+\hat{\beta}_kX_{ki})=\sum X_{1i}Y_i \\ \sum X_{2i}(\hat{\beta}_0+\hat{\beta}_1X_{1i}+\hat{\beta}_2X_{2i}+\cdots+\hat{\beta}_kX_{ki})=\sum X_{2i}Y_i \\ \vdots \\ \sum X_{ki}(\hat{\beta}_0+\hat{\beta}_1X_{1i}+\hat{\beta}_2X_{2i}+\cdots+\hat{\beta}_kX_{ki})=\sum X_{ki}Y_i\end{cases} \tag{2.26}$$

这是一个由 $k+1$ 个方程构成，包含 $k+1$ 个未知数 $\hat{\beta}_0$，$\hat{\beta}_1$，$\hat{\beta}_2$，…，$\hat{\beta}_k$ 的线性方程组，在满足统计假设的条件下，系数矩阵的秩 $r(\boldsymbol{X}^{\mathrm{T}}\boldsymbol{X})=k+1$，式(2.26)存在唯一解：$\hat{\boldsymbol{B}}=(\boldsymbol{X}^{\mathrm{T}}\boldsymbol{X})^{-1}\boldsymbol{X}^{\mathrm{T}}\boldsymbol{Y}$。

二、回归方程的性质

式(2.17)定义了残差 $e_i=Y_i-\hat{Y}_i$，是样本值 Y_i 与对应拟合值 $\hat{Y}_i$ 之间的误差。残差序列 e_1，e_2，…，e_n 在模型估计结果的分析中有着重要的作用。

1. 回归线经过样本均值点

回归线经过样本均值点，即：

$$\bar{Y}=\hat{\beta}_0+\hat{\beta}_1\bar{X}_1+\hat{\beta}_2\bar{X}_2+\cdots+\hat{\beta}_k\bar{X}_k \tag{2.27}$$

事实上，将式(2.26)的第一个方程左端变形为：

$$\hat{\beta}_0\cdot n+\hat{\beta}_1\sum X_{1i}+\hat{\beta}_2\sum X_{2i}+\cdots+\hat{\beta}_k\sum X_{ki}=\sum Y_i$$

两端再同除以样本容量 n，即得式(2.27)。

2. 被解释变量 Y 的样本值与拟合值等总和、等均值

式(2.26)的第一个方程的左端即为 $\sum\hat{Y}_i$，从而有：

$$\sum Y_i = \sum \widehat{Y}_i$$

上式两端再同除以样本容量 n，得：

$$\overline{Y} = \overline{\widehat{Y}}$$

可知 Y 与 $\widehat{Y}$ 等总和、等均值。

3. 残差 e_i 零总和、零均值

将式(2.26)的第一个方程变形为：

$$\sum (Y_i - \widehat{Y}_i) = 0$$

即：

$$\sum e_i = 0$$

由上面的残差 e_i 总和为0，立即得到残差 e_i 均值为0的结果：

$$\bar{e} = 0$$

此结论与统计假设中随机误差项 ε_i 的0期望假设 $E(\varepsilon_i) = 0$ 有着对应关系。

4. $\sum_{i=1}^{n} X_{ji}e_i = 0(j = 1, 2, \cdots, k)$

根据式(2.20)，此结论立即得到证明。它说明了随机误差项与解释变量两者是不相关的。

下例根据样本、模型的回归结果，计算并验证以上几个结论。

【例2.5】已知回归方程：$\widehat{Y} = 0.4 + 1.3 \cdot X_1 - 0.5 \cdot X_2$，再根据表2.1，计算拟合值 $\widehat{Y}_i$、残差 e_i，结果如表2.7所示。

表2.7　拟合值、残差计算结果

X_1	3	5	6	7	9
X_2	5	5	6	6	8
Y_i	2	4	5	7	8
$\widehat{Y}_i$	1.8	4.4	5.2	6.5	8.1
e_i	0.2	-0.4	-0.2	0.5	-0.1

(1)验证 Y 与 $\widehat{Y}$ 等总和、等均值：

$$\sum Y_i = 2 + 4 + 5 + 7 + 8 = 26$$

$$\sum \widehat{Y}_i = 1.8 + 4.4 + 5.2 + 6.5 + 8.1 = 26$$

$$\overline{Y} = 5.2 = \overline{\widehat{Y}}$$

(2)验证残差 e_i 零总和、零均值：

$$\sum e_i = 0.2 + (-0.4) + (-0.2) + 0.5 + (-0.1) = 0,\ \bar{e} = 0$$

(3)计算总残差：

$$RSS = \sum e_i^2 = 0.5$$

在 EViews 方程标准输出结果中，总残差(Sum squared resid) $RSS = 0.500\ 000$，如图 2.3 所示。

R-squared	0.978070
Adjusted R-squared	0.956140
S.E. of regression	0.500000
Sum squared resid	0.500000
Log likelihood	-1.338230
F-statistic	44.60000
Prob(F-statistic)	0.021930

图 2.3　总残差

(4)验证回归线经过样本均值点。

已得 $\bar{Y} = 5.2$，再计算得 $\bar{X}_1 = 6$、$\bar{X}_2 = 6$，代入回归方程：

$$\bar{Y} = 0.4 + 1.3\bar{X}_1 - 0.5\bar{X}_2$$

成立。

(5)验证 $\sum X_{ji}e_i = 0$。

$j = 1$ 时，$\sum X_{1i}e_i = 3 \cdot 0.2 + 5 \cdot (-0.4) + 6 \cdot (-0.2) + 7 \cdot 0.5 + 9 \cdot (-0.1) = 0$。

与此类似，请读者自行验证 $j = 2$ 时，$\sum X_{2i}e_i = 0$。

三、OLS 估计量的性质

由式(2.23)知 $\hat{\boldsymbol{B}} = (\boldsymbol{X}^{\mathrm{T}}\boldsymbol{X})^{-1}\boldsymbol{X}^{\mathrm{T}}\boldsymbol{Y}$，每一个回归参数 $\hat{\beta}_i$ 既与确定的解释变量 $X_1, X_2, \cdots, X_k$ 的样本有关，也与随机的被解释变量 Y 的样本有关。不同的抽样，利用 OLS 估计，$\hat{\beta}_i$ 结果不尽相同。

与其他计算回归参数的方法相比，OLS 计算所得的回归参数具有以下优良的性质。

1. 无偏性

无偏性是概率统计中的一个基本概念。假定 U_i 是研究总体的某个数字特征 Q(如均值、方差)的一个估计量，如果 $E(U_i) = Q$ 成立，则称估计量 U_i 具有无偏性。

OLS 估计量的无偏性是指：

$$E(\hat{\beta}_i)=\beta_i(i=1, 2, \cdots, k) \tag{2.28}$$

无偏性说明了尽管每一次抽样样本不同，$\hat{\beta}_i$ 随之有不同的计算结果，但这些结果的平均值等于客观的 β_i 。

矩阵形式的无偏性的表述为(随机矩阵的期望，定义为所有元素取期望)：

$$E(\hat{\boldsymbol{B}})=\begin{pmatrix} E(\hat{\beta}_0) \\ E(\hat{\beta}_1) \\ \vdots \\ E(\hat{\beta}_k) \end{pmatrix}=\begin{pmatrix} \beta_0 \\ \beta_1 \\ \vdots \\ \beta_k \end{pmatrix}=\boldsymbol{B} \tag{2.29}$$

下面说明式(2.29)是成立的。

由式(2.23)、式(2.11)，再利用解释变量 $\boldsymbol{X}$ 为确定性变量，以及随机误差项的 0 期望假设，即 $E(\boldsymbol{N})=\boldsymbol{O}$ ，期望的矩阵形式计算过程为：

$$\begin{aligned} E(\hat{\boldsymbol{B}}) &= E[(\boldsymbol{X}^{\mathrm{T}}\boldsymbol{X})^{-1}\boldsymbol{X}^{\mathrm{T}}\boldsymbol{Y}] \\ &= E[(\boldsymbol{X}^{\mathrm{T}}\boldsymbol{X})^{-1}\boldsymbol{X}^{\mathrm{T}}(\boldsymbol{XB}+\boldsymbol{N})] \\ &= E[\boldsymbol{B}+(\boldsymbol{X}^{\mathrm{T}}\boldsymbol{X})^{-1}\boldsymbol{X}^{\mathrm{T}}\boldsymbol{N}] \\ &= E(\boldsymbol{B})+(\boldsymbol{X}^{\mathrm{T}}\boldsymbol{X})^{-1}\boldsymbol{X}^{\mathrm{T}}E(\boldsymbol{N}) \\ &= \boldsymbol{B}+\boldsymbol{O} \end{aligned}$$

后面进行统计检验，讨论 $\hat{\beta}_i$ 的概率分布时，就根据式(2.29)确定 $\hat{\beta}_i$ 的期望。

2. 线性性

线性性是指回归参数 $\hat{\beta}_i$ ，均可表示为被解释变量的样本的线性函数：

$$\hat{\beta}_i=k_1Y_1+k_2Y_2+\cdots+k_nY_n \tag{2.30}$$

由式(2.23)，很容易得出这一结论：

$$\hat{\boldsymbol{B}}=(\boldsymbol{X}^{\mathrm{T}}\boldsymbol{X})^{-1}\boldsymbol{X}^{\mathrm{T}}\boldsymbol{Y}=\boldsymbol{KY}$$

后面进行统计检验，讨论 $\hat{\beta}_i$ 的概率分布时，就根据式(2.30)确定 $\hat{\beta}_i$ 的分布函数的类型。

3. 有效性

设 $\dot{\boldsymbol{B}}$ 是回归参数的另一线性无偏估计，则

$$D(\hat{\boldsymbol{B}}) \leqslant D(\dot{\boldsymbol{B}}) \tag{2.31}$$

有效性是指，在回归参数 $\boldsymbol{B}$ 的所有线性无偏估计量中，OLS 估计量 $\hat{\boldsymbol{B}}$ 的方差最小。

方差最小意味着随着样本的变化，用 OLS 估计所得的回归参数的波动最小，

其结果有着最好的稳定性。

此结论的证明较复杂，在此不进行讨论，感兴趣的读者可查阅参考文献[1]。

以上三个性质概括起来，就是高斯-马尔可夫定理(Gauss-Markov theorem)：在经典假设条件下，经典回归模型的 OLS 估计量是最佳线性无偏估计量(best linear unbiased estimator，BLUE)。

四、随机误差项 ε 的方差-协方差矩阵

根据方差、协方差的定义，以及随机误差项的 0 期望假设 $E(\varepsilon_i)=0$，有：

$$D(\varepsilon_i)=E(\varepsilon_i^2)-E^2(\varepsilon_i)=E(\varepsilon_i^2)$$

$$\mathrm{Cov}(\varepsilon_i,\ \varepsilon_j)=E(\varepsilon_i\varepsilon_j)-E(\varepsilon_i)E(\varepsilon_j)=E(\varepsilon_i\varepsilon_j)\quad(i\neq j)$$

从而：

$$E(\boldsymbol{NN}^{\mathrm{T}})=E\left[\begin{pmatrix}\varepsilon_1\\ \varepsilon_2\\ \vdots\\ \varepsilon_n\end{pmatrix}\begin{pmatrix}\varepsilon_1 & \varepsilon_2 & \cdots & \varepsilon_2\end{pmatrix}\right]$$

$$=\begin{pmatrix}E(\varepsilon_1^2) & E(\varepsilon_1\varepsilon_2) & \cdots & E(\varepsilon_1\varepsilon_n)\\ E(\varepsilon_2\varepsilon_1) & E(\varepsilon_2^2) & \cdots & E(\varepsilon_2\varepsilon_n)\\ \vdots & \vdots & & \vdots\\ E(\varepsilon_n\varepsilon_1) & E(\varepsilon_n\varepsilon_2) & \cdots & E(\varepsilon_n^2)\end{pmatrix}$$

$$=\begin{pmatrix}D(\varepsilon_1) & \mathrm{Cov}(\varepsilon_1,\ \varepsilon_2) & \cdots & \mathrm{Cov}(\varepsilon_1,\ \varepsilon_n)\\ \mathrm{Cov}(\varepsilon_2,\ \varepsilon_1) & D(\varepsilon_2) & \cdots & \mathrm{Cov}(\varepsilon_2,\ \varepsilon_n)\\ \vdots & \vdots & & \vdots\\ \mathrm{Cov}(\varepsilon_n,\ \varepsilon_1) & \mathrm{Cov}(\varepsilon_n,\ \varepsilon_2) & \cdots & D(\varepsilon_n)\end{pmatrix}$$

上面矩阵主对角线上的元素是 ε_i 的方差，其他位置的元素是 ε_i、ε_j 的协方差，因此称之为方差-协方差矩阵，记为 Var-Cov($\boldsymbol{N}$)。

进一步，由 ε_i 的同方差假设 $D(\varepsilon_i)=\sigma^2$，独立性假设 $\mathrm{Cov}(\varepsilon_i,\ \varepsilon_j)=0$，可将上面矩阵元素的值具体化为：

$$\mathrm{Var}-\mathrm{Cov}(\boldsymbol{N})=\begin{pmatrix}\sigma^2 & 0 & \cdots & 0\\ 0 & \sigma^2 & \cdots & 0\\ \vdots & \vdots & & \vdots\\ 0 & 0 & \cdots & \sigma^2\end{pmatrix}=\boldsymbol{I}\sigma^2 \tag{2.32}$$

其中，$\boldsymbol{I}$ 是 n 阶单位矩阵。

五、回归参数 $\hat{B}$ 的方差-协方差矩阵

1. 矩阵的含义

根据 OLS 估计量的无偏性结论 $E(\hat{\beta}_i)=\beta_i$，以及方差、协方差的定义：

$$D(\hat{\beta}_i)=E[(\hat{\beta}_i-\beta_i)^2]$$

$$\mathrm{Cov}(\hat{\beta}_i,\hat{\beta}_j)=E[(\hat{\beta}_i-\beta_i)(\hat{\beta}_j-\beta_j)](i\neq j)$$

从而有：

$$E[(\hat{B}-B)(\hat{B}-B)^{\mathrm{T}}]=E\left[\begin{pmatrix}\hat{\beta}_0-\beta_0\\ \hat{\beta}_1-\beta_1\\ \vdots\\ \hat{\beta}_k-\beta_k\end{pmatrix}(\hat{\beta}_0-\beta_0\quad \hat{\beta}_1-\beta_1\quad\cdots\quad \hat{\beta}_k-\beta_k)\right]$$

$$=\begin{pmatrix}E[(\hat{\beta}_0-\beta_0)^2] & E[(\hat{\beta}_0-\beta_0)(\hat{\beta}_1-\beta_1)] & \cdots & E[(\hat{\beta}_0-\beta_0)(\hat{\beta}_k-\beta_k)]\\ E[(\hat{\beta}_1-\beta_1)(\hat{\beta}_0-\beta_0)] & E[(\hat{\beta}_1-\beta_1)^2] & \cdots & E[(\hat{\beta}_1-\beta_1)(\hat{\beta}_k-\beta_k)]\\ \vdots & \vdots & & \vdots\\ E[(\hat{\beta}_k-\beta_k)(\hat{\beta}_0-\beta_0)] & E[(\hat{\beta}_k-\beta_k)(\hat{\beta}_1-\beta_1)] & \cdots & E[(\hat{\beta}_k-\beta_k)^2]\end{pmatrix}$$

$$=\begin{pmatrix}D(\hat{\beta}_0) & \mathrm{Cov}(\hat{\beta}_0,\hat{\beta}_1) & \cdots & \mathrm{Cov}(\hat{\beta}_0,\hat{\beta}_k)\\ \mathrm{Cov}(\hat{\beta}_1,\hat{\beta}_0) & D(\hat{\beta}_1) & \cdots & \mathrm{Cov}(\hat{\beta}_1,\hat{\beta}_k)\\ \vdots & \vdots & & \vdots\\ \mathrm{Cov}(\hat{\beta}_k,\hat{\beta}_0) & \mathrm{Cov}(\hat{\beta}_k,\hat{\beta}_1) & \cdots & D(\hat{\beta}_k)\end{pmatrix}$$

上面矩阵主对角线上的元素是 $\hat{\beta}_i$ 的方差，其他位置的元素是 $\hat{\beta}_i$、$\hat{\beta}_j$ 的协方差，因此称之为回归参数 $\hat{B}$ 的方差-协方差矩阵，记为 Var-Cov$(\hat{B})$。此矩阵显然是对称矩阵。

2. 矩阵的计算

由 $\hat{B}=(X^{\mathrm{T}}X)^{-1}X^{\mathrm{T}}Y=B+(X^{\mathrm{T}}X)^{-1}X^{\mathrm{T}}N$，即 $\hat{B}-B=(X^{\mathrm{T}}X)^{-1}X^{\mathrm{T}}N$，可得：

$$\begin{aligned}\text{Var-Cov}(\hat{B})&=E[(\hat{B}-B)(\hat{B}-B)^{\mathrm{T}}]\\&=E\{[(X^{\mathrm{T}}X)^{-1}X^{\mathrm{T}}N]\cdot[(X^{\mathrm{T}}X)^{-1}X^{\mathrm{T}}N]^{\mathrm{T}}\}\\&=(X^{\mathrm{T}}X)^{-1}\sigma^2\\&=\begin{pmatrix}C_{00} & C_{01} & \cdots & C_{0k}\\ C_{10} & C_{11} & \cdots & C_{1k}\\ \vdots & \vdots & & \vdots\\ C_{k0} & C_{k1} & \cdots & C_{kk}\end{pmatrix}\sigma^2\end{aligned}\tag{2.33}$$

也就是说，$(X^{T}X)^{-1}\sigma^2$ 中主对角线上的元素是 $\hat{\beta}_i$ 的方差，其他位置的元素是 $\hat{\beta}_i$、$\hat{\beta}_j$ 的协方差。

3. 矩阵 $(X^{T}X)^{-1}$ 的重要地位

从式(2.23)模型的估计结果 $\hat{B}=(X^{T}X)^{-1}X^{T}Y$，到式(2.33)的方差-协方差矩阵 $\mathrm{Var\text{-}Cov}(\hat{B})=(X^{T}X)^{-1}\sigma^2$，逆矩阵 $(X^{T}X)^{-1}$ 居核心地位。这说明 $(X^{T}X)^{-1}$ 在经典回归模型的理论中，占有重要的地位。

【例 2.6】已知 $(X^{T}X)^{-1}\sigma^2=\begin{pmatrix}11 & 1.2 & -3\\ 1.2 & 0.3 & -0.5\\ -3 & -0.5 & 1.0\end{pmatrix}\sigma^2$，那么：

$D(\hat{\beta}_1)=C_{11}\cdot\sigma^2=0.3\cdot\sigma^2$；

$D(\hat{\beta}_2)=C_{22}\cdot\sigma^2=1.0\cdot\sigma^2$；

$\mathrm{Cov}(\hat{\beta}_0,\hat{\beta}_1)=\mathrm{Cov}(\hat{\beta}_1,\hat{\beta}_0)=C_{01}\cdot\sigma^2=C_{10}\cdot\sigma^2=1.2\cdot\sigma^2$；

$\mathrm{Cov}(\hat{\beta}_1,\hat{\beta}_2)=\mathrm{Cov}(\hat{\beta}_2,\hat{\beta}_1)=C_{12}\cdot\sigma^2=C_{21}\cdot\sigma^2=-0.5\cdot\sigma^2$。

六、σ^2 的估计量

计量分析中，随机误差项 ε_i 的方差 σ^2 一般未知，检验时以 σ^2 的无偏估计量代替。可以证明，以下定义：

$$\hat{\sigma}^2=\frac{\sum e_i^2}{n-(k+1)} \tag{2.34}$$

是 σ^2 的无偏估计量。

式(2.34)中，分母取 $n-(k+1)$ 而非 n，目的就是保证无偏性。这与统计学原理中，总体方差 σ^2 通常未知，将样本方差定义为 $S^2=\dfrac{\sum(X_i-\bar{X})^2}{n-1}$，分母取 $n-1$ 而非 n 的道理相通，也是保证样本方差 S^2 是总体方差 σ^2 的无偏估计量。

【例 2.7】根据例 2.5 的样本、模型和 RSS 结果，计算 $\hat{\sigma}^2$。

样本容量 $n=5$，模型中解释变量个数 $k=2$，$\sum e_i^2=RSS=0.5$

$$\hat{\sigma}^2=\frac{\sum e_i^2}{n-(k+1)}=\frac{0.5}{5-(2+1)}=0.25$$

在 EViews 方程标准输出结果中，回归标准误差(S. E. of regression) $\hat{\sigma}=0.500\,000$，如图 2.4 所示。

R-squared	0.978070
Adjusted R-squared	0.956140
S.E. of regression	0.500000
Sum squared resid	0.500000
Log likelihood	-1.338230
F-statistic	44.60000
Prob(F-statistic)	0.021930

图 2.4　回归标准误差

第四节　模型的统计检验

估计出回归参数后，并不意味着模型立即可用，也不表示根据模型所得的推测结果具有可靠性。当从基本经济原理的角度对模型进行经济意义检验，以判断回归参数是否合乎预期，是否具备经济意义上的合理性后，还需要从统计学的角度对模型进行统计检验，以确保模型在统计意义上的可靠性。

一、拟合度检验

对被解释变量的拟合值 $\hat{Y}_i$ 与样本值 Y_i 的贴合程度所进行的检验，称为拟合优度检验。

实际上，用最小二乘法对参数进行估计时，已使 Y_i 与 $\hat{Y}_i$ 的总残差 RSS 最小。但仍需要一个统计量描述拟合值 $\hat{Y}_i$ 与样本值 Y_i 之间的贴合程度，这个统计量就是决定系数，也称为可决系数。

1. 总变差的分解

$$\sum (Y_i - \bar{Y})^2 = \sum (\hat{Y}_i - \bar{\hat{Y}})^2 + \sum (Y_i - \hat{Y}_i)^2 \tag{2.35}$$

总变差 = 解释变差 + 总残差

$$TSS = ESS + RSS$$

其中，$TSS = \sum (Y_i - \bar{Y})^2$——被解释变量的样本值 Y_i 的总体波动，称为总变差；

$ESS = \sum (\hat{Y}_i - \bar{\hat{Y}})^2$——被解释变量的拟合值 $\hat{Y}_i$ 的总体波动，$\hat{Y}_i$ 完全由解释变量通过模型的回归结果决定，其波动称为解释变差（或回归变差）。

式(2.35)的证明思路如下：

$$\sum (Y_i - \bar{Y})^2 = \sum [(\hat{Y}_i - \bar{Y}) + (Y_i - \hat{Y}_i)]^2$$

$$= \sum (\hat{Y}_i - \bar{Y})^2 + 2\sum (\hat{Y}_i - \bar{Y})(Y_i - \hat{Y}_i) + \sum (Y_i - \hat{Y}_i)^2$$

上式中间的2倍项，利用式（2.26）的结论 $\sum(Y_i-\hat{Y}_i)=0$、$\sum X_{ji}(Y_i-\hat{Y}_i)=0$，有：

$$\begin{aligned}\sum(\hat{Y}_i-\bar{Y})(Y_i-\hat{Y}_i)&=\sum\hat{Y}_i(Y_i-\hat{Y}_i)-\bar{Y}\sum(Y_i-\hat{Y}_i)\\&=\sum(\hat{\beta}_0+\hat{\beta}_1X_{1i}+\hat{\beta}_2X_{2i}+\cdots+\hat{\beta}_kX_{ki})(Y_i-\hat{Y}_i)-0\\&=\hat{\beta}_0\sum(Y_i-\hat{Y}_i)+\hat{\beta}_1\sum X_{1i}(Y_i-\hat{Y}_i)+\cdots+\hat{\beta}_k\sum X_{ki}(Y_i-\hat{Y}_i)\\&=\hat{\beta}_0\cdot0+\hat{\beta}_1\cdot0+\cdots+\hat{\beta}_k\cdot0\end{aligned}$$

利用 $\bar{Y}=\bar{\hat{Y}}$，从而有：

$$\sum(Y_i-\bar{Y})^2=\sum(\hat{Y}_i-\bar{Y})^2+\sum(Y_i-\hat{Y}_i)^2=\sum(\hat{Y}_i-\bar{\hat{Y}})^2+\sum(Y_i-\hat{Y}_i)^2$$

2. 决定系数(可决系数)

解释变差为拟合值的波动，作为总变差的一部分，如果占比重大，说明拟合值与客观的样本值贴合程度良好。如果占比达到100%，说明两者完全贴合。

称解释变差占总变差的比重为决定系数，也称可决系数，记为 R^2：

$$R^2=\frac{ESS}{TSS}\tag{2.36}$$

通常利用统计量 RSS 计算：

$$R^2=1-\frac{RSS}{TSS}\tag{2.37}$$

决定系数代表了模型中的全部影响因素对被影响因素的总体解释程度。R^2 值越靠近100%，说明模型的解释效果越好，拟合程度也越高。R^2 是一个相对标准，其值可以无限接近100%。

3. 修正的决定系数

一种客观现实是，在现有模型的基础上，减少一个解释变量，R^2 通常变小；增加一个解释变量，R^2 通常变大。这是因为，有一定关联的解释变量在模型中或多或少总存在一定的解释效果。解释变量的增减，也意味着解释效果一定程度的增减。

但是，过分增加解释变量，甚至将一些影响微末的因素也放入模型，这样既会使模型复杂化，也会给样本的收集，模型的估计、检验、应用带来诸多不便。

因此，应对解释变量的个数采取某种“惩罚”机制，以消除无谓的增多变量对 R^2 的不良影响，这便是修正的决定系数。其定义如下：

$$\bar{R}^2=1-\frac{RSS/[n-(k+1)]}{TSS/(n-1)}\tag{2.38}$$

$\bar{R}^2$ 也是一个相对的评价标准。当 $\bar{R}^2<0$ 时，取 $\bar{R}^2=0$。

【例 2.8】在例 2.5 中，已计算出 $\hat{Y}_i$，且 $RSS=0.5$。

(1) 验证 $TSS=ESS+RSS$。经计算：

$\bar{Y}=5.2$，$TSS=\sum(Y_i-\bar{Y})^2=22.8$；

$\bar{\hat{Y}}=5.2$，$ESS=\sum(\hat{Y}_i-\bar{\hat{Y}})^2=22.3$；

已知 $RSS=0.5$，代入式(2.35)，上述结论成立。

(2) $R^2=1-\dfrac{RSS}{TSS}=1-\dfrac{0.5}{22.8}=0.978\ 070$。

$$\bar{R}^2=1-\frac{RSS/[n-(k+1)]}{TSS/(n-1)}=1-\frac{0.5/[5-(2+1)]}{22.8/(5-1)}=0.956\ 140。$$

在 EViews 方程标准输出结果中，决定系数 R^2（R-squared）、修正决定系数 $\bar{R}^2$（Adjusted R-squared）如图 2.5 所示。

R-squared	0.978070
Adjusted R-squared	0.956140
S.E. of regression	0.500000
Sum squared resid	0.500000
Log likelihood	-1.338230
F-statistic	44.60000
Prob(F-statistic)	0.021930

图 2.5 决定系数与修正决定系数

4. 决定系数的应用

当研究目的为经济结构分析时，R^2 值可以略低；而在进行经济预测时，R^2 值应适当偏高。有时，纯粹为了判断某些因素是否对另一因素存在一定的影响，R^2 值低至 0.3、0.4 也可以。此外，R^2 值大小与模型的数据类型有关。例如，在以时间序列数据为样本的结构模型中，R^2 值在 0.9 以上很常见；对于截面数据，R^2 值为 0.5、0.6 也不算低；而差分后的时间序列通常 R^2 值较低，为 0.2、0.3 也不算太弱。

数学背景知识

正态随机变量（即服从正态分布的随机变量）的性质如下。

正态分布 $N(\mu,\sigma^2)$ 由期望 μ 与方差 σ^2 两个参数决定。

一个非标准的正态随机变量 $X\sim N(\mu,\sigma^2)$，可标准化后调整为标准正态随机变量：$\dfrac{X-\mu}{\sigma}\sim N(0,1)$。

独立正态随机变量的线性性质如下。

设两个正态随机变量 $X \sim N(\mu_x, \sigma_x^2)$，$Y \sim N(\mu_y, \sigma_y^2)$ 相互独立，则对于任意的实常数 a、b、c，有：$aX + bY + c \sim N(a\mu_x + b\mu_y + c, a^2\sigma_x^2 + b^2\sigma_y^2)$。

类似结论推广到任意个相互独立的正态随机变量也成立。简而言之，独立正态随机变量的线性组合仍为正态随机变量。

数学背景知识

正态分布与几个常用分布之间的关系如下。

正态分布是最基本的分布，以下常用分布可看成其基础上的演变。

1)χ^2分布（也称卡方分布，可粗略看成正态分布的平方和）

设 Z_1，Z_2，…，Z_k是标准正态随机变量，且相互独立，则$\chi^2(k)$分布为：

$$\chi^2 = Z_1^2 + Z_2^2 + \cdots + Z_k^2$$

其中 k 为自由度。

2)F 分布（可粗略看成卡方分布之商）

设两个服从χ^2分布的随机变量$\chi_1^2(m)$、$\chi_2^2(n)$ 相互独立，则 $F(m, n)$分布为：

$$F = \frac{\chi_1^2(m)/m}{\chi_2^2(n)/n}$$

其中，m、n 为自由度。

3)t 分布（可粗略看成正态分布之商）

设标准正态随机变量 Z 与服从χ^2分布的随机变量 $\chi^2(k)$相互独立，则 t 分布为：

$$t = \frac{Z}{\sqrt{\chi^2(k)/k}}$$

其中，k 为自由度。

二、参数的统计检验

参数的统计检验，包括变量的显著性检验和模型的显著性检验。前者通过 t 检验进行，后者通过 F 检验进行。

1. 回归参数 $\hat{\beta}_i$ 的概率分布

由样本回归方程组(2.10)知，Y_i 是一个正态随机变量 ε_i 的线性组合：

$$Y_i = \beta_0 + \beta_1 X_{1i} + \beta_2 X_{2i} + \cdots + \beta_k X_{ki} + \varepsilon_i$$

其中，X_{1i}，X_{2i}，…，X_{ki} 是确定性样本（常量），故 Y_i 为正态随机变量。

由高斯–马尔可夫定理中的式(2.30)知，由于每个 Y_i 都是正态随机变量且相互独立，从而 $\hat{\beta}_i$ 是独立正态随机变量的线性组合，故 $\hat{\beta}_i$ 也是正态随机变量。

下面来看 $\hat{\beta}_i$ 的期望和方差。由式(2.28)可知，$E(\hat{\beta}_i)=\beta_i$。由式(2.33)知 $D(\hat{\beta}_i)=C_{ii}\sigma^2$，所以有：

$$\hat{\beta}_i \sim N(\beta_i,\ C_{ii}\sigma^2)$$

标准化后，有：

$$\frac{\hat{\beta}_i-\beta_i}{\sqrt{C_{ii}}\sigma} \sim N(0,\ 1) \tag{2.39}$$

统计检验中，σ 总是未知的，用其无偏估计量 $\hat{\sigma}$ 代替。而 $\hat{\sigma}^2=\dfrac{\sum e_i^2}{n-(k+1)}$，分子部分 $\sum e_i^2=\sum (Y_i-\hat{Y}_i)^2$ 可视作正态随机变量的平方和，故服从 χ^2 分布，自由度为 $n-(k+1)$。因此 $\hat{\sigma}$ 代替 σ 后的统计量，服从 t 分布：

$$\frac{\hat{\beta}_i-\beta_i}{\sqrt{C_{ii}}\hat{\sigma}} \sim t[n-(k+1)] \tag{2.40}$$

弄清随机变量 $\hat{\beta}_i$ 的分布，为 $\hat{\beta}_i$ 的统计检验奠定了基础。

2. 单参数的假设检验

在实际经济问题中，常常需要判断某个经济因素(解释变量)是否对另一个因素(被解释变量)有着不可忽略的重要影响。

如何判断某经济变量是否有不可忽略的影响这一经济问题？在此，将这一经济问题转化为分析该经济变量的系数是否显著为0的数学问题。

若系数显著不为0，称该经济变量或经济变量的系数通过 t 检验或 t 检验显著，则该变量应合理地保留在模型中；否则，应予以剔除，以简化模型。

由式(2.40)可知，检验中的概率表述为：$P\left(\dfrac{|\hat{\beta}_i-\beta_i|}{\sqrt{C_{ii}}\hat{\sigma}}>t_{\alpha/2}\right)=\alpha$。

相应的统计假设为：$\begin{cases}H_0:\ \beta_i=0\\H_1:\ \beta_i\neq 0\end{cases}$。

【例2.9】研究本企业渠道投入 X_1，和同行竞争企业渠道投入 X_2，分别对企业销售收入 Y 的影响。由例2.4、例2.7，已知如下结果。

(1) $\hat{Y}=0.4+1.3X_1-0.5X_2$。

(2) $(\boldsymbol{X}^{\mathrm{T}}\boldsymbol{X})^{-1}=\begin{pmatrix}11 & 1.2 & -3\\1.2 & 0.3 & -0.5\\-3 & -0.5 & 1\end{pmatrix}$，$\hat{\sigma}^2=0.25$。

问题：按 $\alpha=5\%$的显著性水平，本企业渠道投入 X_1是否对企业销售收入 Y 有着显著的影响？

(1)概率表述为：$P\left(\frac{|\hat{\beta}_1-\beta_1|}{\sqrt{C_{11}}\,\hat{\sigma}}>t_{\alpha/2}\right)=\alpha$。

(2)统计假设为：$\begin{cases}H_0:\ \beta_1=0\\H_1:\ \beta_1\neq 0\end{cases}$。

(3)统计量为：$t=\frac{\hat{\beta}_1-\beta_1}{\sqrt{C_{11}}\,\hat{\sigma}}=\frac{1.3-0}{\sqrt{0.3}\cdot 0.5}=4.746\ 929$。

其中，标准误差为 $E_s(\hat{\beta}_1)=\sqrt{C_{11}}\,\hat{\sigma}=\sqrt{0.3}\cdot 0.5=0.273\ 861$。

(4)查 t 分布表，取 $\alpha=5\%$，得临界值为：$t_{\alpha/2}[n-(k+1)]=t_{\alpha/2}(2)=4.303$。

(5)结论：$|t|=4.746\ 929>t_{\alpha/2}(2)=4.303$，$t$ 值在拒绝域内，所以拒绝原假设 H_0，即在 $\alpha=5\%$ 的显著性水平下，本企业渠道投入 X_1对企业销售收入 Y 有显著影响。

在 EViews 方程标准输出结果中，回归参数 $\hat{\beta}_1$ 对应的标准误差 $\mathrm{Se}(\hat{\beta}_1)$(Std. Error)、$t$ 统计量(t-Statistic)、P 值(Prob.)如图 2.6 所示。

Variable	Coefficient	Std. Error	t-Statistic	Prob.
C	0.400000	1.658312	0.241209	0.8319
X1	1.300000	0.273861	4.746929	0.0416
X2	-0.500000	0.500000	-1.000000	0.4226

图 2.6　标准误差、t 统计量和 P 值

利用 EViews 提供的 t 检验的 P 值，可以方便地进行 t 检验的显著性判断。一般地，当 $P<\alpha=5\%$时，认为回归参数 t 检验显著。

例如，X_1回归参数的 $P=0.041\ 6<\alpha=5\%$，认为其回归参数 t 检验显著。

请读者自行完成：按 $\alpha=5\%$ 的显著性水平，同行竞争企业渠道投入 X_2，是否对企业销售收入 Y 有显著影响？

3. 参数的区间估计

在实际经济问题中，也经常需要分析某个经济因素(解释变量)的变动引起另一经济因素(被解释变量)的变动幅度。在线性模型中，体现为分析边际变动范围。在对数模型中，体现为分析弹性变动范围。

对于经济变量变动的范围分析这一经济问题，我们将其转化为分析对应系数的置信区间的数学问题。

由式(2.40)可知，区间估计的概率表述为：$P\left(\dfrac{|\hat{\beta}_i-\beta_i|}{\sqrt{C_{ii}}\ \hat{\sigma}}\leqslant t_{\alpha/2}\right)=1-\alpha$。

【例 2.10】研究本企业渠道投入 X_1，和同行竞争企业渠道投入 X_2，分别对销售收入 Y 的影响。有关数据同例 2.9。

问题：以 $1-\alpha=95\%$ 的置信度，分析本企业渠道投入 X_1 每变动一个单位，企业销售收入 Y 的变动范围。

(1)概率表述为：$P\left(\dfrac{|\hat{\beta}_1-\beta_1|}{\sqrt{C_{11}}\ \hat{\sigma}}\leqslant t_{\alpha/2}\right)=1-\alpha$。

(2)临界值为：$t_{\alpha/2}[n-(k+1)]=t_{\alpha/2}(2)=4.303$。

(3)置信区间不等式为：$\dfrac{|1.3-\beta_1|}{\sqrt{0.3}\cdot 0.5}\leqslant 4.303$。

展开后，即有：$0.1216\leqslant\beta_1\leqslant 2.4784$。

(4)结论：以 $1-\alpha=95\%$ 的置信度，本企业渠道投入 X_1 每增加一个单位，引起销售收入 Y 变动的区间是 $[0.1216, 2.4784]$。

请读者自行完成：以 $1-\alpha=95\%$ 的置信度，分析同行竞争企业渠道投入 X_2 每增加一个单位，企业销售收入 Y 变动的范围。

4. 参数整体的假设检验

在实际经济问题中，我们还经常判断设定的全部影响因素(X_1，X_2，…，X_k)，以当前模型结构(如线性模型、对数模型)的方式，对另一经济因素(被解释变量 Y)的影响总体而言是否显著。

对于设定的全部影响因素总体是否显著影响另一经济因素这一经济问题，我们可以将其转化为全部解释变量系数的显著性判断的数学问题。

由式(2.35)知，总变差 TSS 可分解为 ESS、RSS 两部分。其中，ESS 完全取决于解释变量以及模型的回归结果，两部分进行比较，若 ESS 显著地大于 RSS，说明模型总体显著，解释变量及模型总体结构具有合理性。

从前面的讨论可知，RSS 为服从 $\chi^2[n-(k+1)]$ 分布的随机变量，而 $ESS=\sum(\hat{Y}_i-\bar{\hat{Y}})^2$ 可视作正态分布的平方和，也服从 χ^2 分布，自由度为 k。因此统计量 $\dfrac{ESS/k}{RSS/[n-(k+1)]}$ 为 χ^2 分布随机变量之商，服从 F 分布，两个自由度分别是 k 和 $n-(k+1)$。

检验中相应的概率表述为：$P\left(\dfrac{ESS/k}{RSS/[n-(k+1)]}>F_\alpha\right)=\alpha$。

检验中相应的统计假设为：$\begin{cases}H_0:\ \beta_1=\beta_2=\cdots=\beta_k=0\\ H_1:\ 存在\beta_i\neq 0\end{cases}$。

【例 2.11】研究本企业渠道投入 X_1，和同行竞争企业渠道投入 X_2，分别对企业销售收入 Y 的影响。有关数据同例 2.9。

问题：按 $\alpha=5\%$ 的显著性水平，本企业渠道投入 X_1 和同行竞争企业渠道投入 X_2，总体上是否对 Y 有着显著的影响？

(1)概率表述为：$P\left(\dfrac{ESS/k}{RSS/[n-(k+1)]}>F_{\alpha}\right)=\alpha$。

(2)统计假设为：$\begin{cases}H_0: \beta_1=\beta_2=0\\ H_1: \beta_1\neq 0 \text{ 或 } \beta_2\neq 0\end{cases}$。

(3)统计量为：$F=\dfrac{ESS/k}{RSS/[n-(k+1)]}=\dfrac{22.3/2}{0.5/[5-(2+1)]}=44.600\ 00$。

(4)查 F 分布表，取 $\alpha=5\%$，得临界值为：$F_{\alpha}[k, n-(k+1)]=F_{\alpha}(2, 2)=19.00$。

(5)结论：$F=44.600\ 00>F_{\alpha}(2, 2)=19.00$，即 F 值在拒绝域内，所以拒绝原假设 H_0。即在 $\alpha=5\%$ 的显著性水平下，本企业渠道投入 X_1 和同行竞争企业渠道投入 X_2，总体上对 Y 有着显著的影响，式(2.1)的结构具有合理性。

在 EViews 方程标准输出结果中，对应的 F 统计量(F-statistic)、P 值[Prob(F-statistic)]如图 2.7 所示。

R-squared	0.978070
Adjusted R-squared	0.956140
S.E. of regression	0.500000
Sum squared resid	0.500000
Log likelihood	-1.338230
F-statistic	44.60000
Prob(F-statistic)	0.021930

图 2.7　F 统计量和 P 值

与 t 检验利用 P 值判断显著性相似，F 检验的 $P=0.021\ 930<\alpha=5\%$，认为模型的 F 检验显著。

5. F 检验与 R^2 的关系

决定系数 R^2 和 F 检验都是对模型回归结果的总体情况进行的一种统计评价。两者在数量上可相互转化，且大小变化方向具有趋同性。

(1)数量关系为：$F=\dfrac{ESS/k}{RSS/[n-(k+1)]}=\dfrac{R^2/k}{(1-R^2)/[n-(k+1)]}$。

(2)趋同性为：$R^2\to 0\%$，$F\to 0$；$R^2\to 100\%$，$F\to\infty$。

大体而言，R^2 从模型的估计结果出发判断拟合效果。有时，在部分时间序列中，尽管 R^2 值偏低，如 $R^2=0.2$，也说明解释变量仍存在一定的解释效果。F 检验从样本出发，量化地检验模型总体(变量及函数关系)的显著性，给出是与否的结论性判断。

在实际应用中，两种检验可相互印证。

第五节　经典回归模型的预测

经济预测是指利用历史数据中呈现的规律性，对未来某一时间点上被解释变量的大致数量或区间范围进行估计。

运用模型进行预测，是计量模型的基本应用。例如，在地区宏观经济运行中，利用宏观计量模型，着重考察政府公共支出的变动、税收制度的改变、货币政策的调整等，预测对区域 GDP、域内投资、区域社会总消费等宏观经济因素所产生的杠杆作用。再如，利用金融计量模型，结合当前市场现状，对金融时间序列的未来发展趋势进行预测，为个体或组织决策提供参考。

经济预测是一种条件预测，它假定变量的函数关系和回归参数保持不变、随机误差项满足统计假设、解释变量的预期值已知。经济预测一般包括点预测和区间预测。

一、点预测

对于式(2.9)，其回归结果为：

$$\hat{Y} = \hat{\beta}_0 + \hat{\beta}_1 X_1 + \hat{\beta}_2 X_2 + \cdots + \hat{\beta}_k X_k \tag{2.41}$$

给定解释变量一组样本外的预期值（X_{1f}，X_{2f}，⋯，X_{kf}），存在被解释变量未来的客观值 Y_f：

$$\begin{aligned} Y_f &= \beta_0 + \beta_1 X_{1f} + \beta_2 X_{2f} + \cdots + \beta_k X_{kf} + \varepsilon_f \\ &= (1 \quad X_{1f} \quad X_{2f} \quad \cdots \quad X_{kf}) \begin{pmatrix} \beta_0 \\ \beta_1 \\ \beta_2 \\ \vdots \\ \beta_k \end{pmatrix} + \varepsilon_f \\ &= \boldsymbol{X}_f \boldsymbol{B} + \varepsilon_f \end{aligned} \tag{2.42}$$

此处依然假定解释变量 X_{if}、随机误差项 ε_f 合乎本章第二节的统计假设 1)～6)的要求。

将解释变量的预期值（X_{1f}，X_{2f}，⋯，X_{kf}）代入回归模型式(2.41)，可计算得到被解释变量预测值 $\hat{Y}_f$：

$$\widehat{Y}_f = \widehat{\beta}_0 + \widehat{\beta}_1 X_{1f} + \widehat{\beta}_2 X_{2f} + \cdots + \widehat{\beta}_k X_{kf}$$
$$= (1 \quad X_{1f} \quad X_{2f} \quad \cdots \quad X_{kf}) \begin{pmatrix} \widehat{\beta}_0 \\ \widehat{\beta}_1 \\ \widehat{\beta}_2 \\ \vdots \\ \widehat{\beta}_k \end{pmatrix} \tag{2.43}$$
$$= \boldsymbol{X}_f \widehat{\boldsymbol{B}}$$

称 $\widehat{Y}_f$ 为 Y_f 的点预测值。

【例 2.12】研究本企业渠道投入 X_1，和同行竞争企业渠道投入 X_2，分别对企业销售收入 Y 的影响。在例 2.4 中，已得模型的回归结果为：

$$\widehat{Y} = 0.4 + 1.3X_1 - 0.5X_2$$

当 $X_{1f} = 10$、$X_{2f} = 9$ 时，企业销售收入 Y_f 的点预测值为：

$$\widehat{Y}_f = (1 \quad 10 \quad 9) \begin{pmatrix} 0.4 \\ 1.3 \\ -0.5 \end{pmatrix} = 0.4 + 1.3 \cdot 10 - 0.5 \cdot 9 = 8.9$$

二、区间预测

区间预测是在点预测的基础上，对被解释变量预测值 $\widehat{Y}_f$ 的范围进行概率估计。此时，需利用式(2.43)的结论，即点预测结果 $\widehat{Y}_f$ 进行。

1. 预测值 Y_f 的概率分布

由式(2.42)、式(2.43)知，Y_f、$\widehat{Y}_f$ 是相互独立的正态随机变量，则有：

$$e_f = \widehat{Y}_f - Y_f = \boldsymbol{X}_f(\widehat{\boldsymbol{B}} - \boldsymbol{B}) - \varepsilon_f$$

e_f 为正态随机变量，下面讨论其正态分布函数的两个参数。

(1)计算期望。由 $E(\widehat{\boldsymbol{B}}) = \boldsymbol{B}$ 和 $E(\varepsilon_f) = 0$，容易看出：

$$E(e_f) = E[\boldsymbol{X}_f(\widehat{\boldsymbol{B}} - \boldsymbol{B}) - \varepsilon_f] = 0$$

(2)计算方差。由 ε_1，ε_2，…，ε_n，ε_f 的 0 期望、独立性、同方差，$D(\varepsilon_i) = \sigma^2$，$E[(\widehat{\boldsymbol{B}} - \boldsymbol{B})(\widehat{\boldsymbol{B}} - \boldsymbol{B})^{\mathrm{T}}] = (\boldsymbol{X}^{\mathrm{T}}\boldsymbol{X})^{-1}\sigma^2$，以及标量 $\boldsymbol{X}_f(\widehat{\boldsymbol{B}} - \boldsymbol{B}) = [\boldsymbol{X}_f(\widehat{\boldsymbol{B}} - \boldsymbol{B})]^{\mathrm{T}}$，有：

$$\begin{aligned} D(e_f) &= D[\boldsymbol{X}_f(\widehat{\boldsymbol{B}} - \boldsymbol{B}) - \varepsilon_f] \\ &= D[\boldsymbol{X}_f(\widehat{\boldsymbol{B}} - \boldsymbol{B})] + D(\varepsilon_f) \\ &= E[\boldsymbol{X}_f(\widehat{\boldsymbol{B}} - \boldsymbol{B})]^2 + \sigma^2 \end{aligned}$$

$$= E[\boldsymbol{X}_f(\widehat{\boldsymbol{B}} - \boldsymbol{B})(\widehat{\boldsymbol{B}} - \boldsymbol{B})^{\mathrm{T}}\boldsymbol{X}_f^{\mathrm{T}}] + \sigma^2$$
$$= [\boldsymbol{X}_f(\boldsymbol{X}^{\mathrm{T}}\boldsymbol{X})^{-1}\boldsymbol{X}^{\mathrm{T}}{}_f + 1]\sigma^2$$

所以：

$$\widehat{Y}_f - Y_f \sim N\{0,\ \sigma^2[1 + \boldsymbol{X}_f(\boldsymbol{X}^{\mathrm{T}}\boldsymbol{X})^{-1}\boldsymbol{X}_f^{\mathrm{T}}]\}$$

标准化后，有：

$$\frac{\widehat{Y}_f - Y_f}{\sigma\sqrt{1 + \boldsymbol{X}_f(\boldsymbol{X}^{\mathrm{T}}\boldsymbol{X})^{-1}\boldsymbol{X}_f^{\mathrm{T}}}} \sim N(0,\ 1)$$

以 $\widehat{\sigma}$ 代替 σ 后，服从 t 分布，即：

$$\frac{\widehat{Y}_f - \boldsymbol{Y}_f}{\widehat{\sigma}\sqrt{1 + \boldsymbol{X}_f(\boldsymbol{X}^{\mathrm{T}}\boldsymbol{X})^{-1}\boldsymbol{X}_f^{\mathrm{T}}}} \sim t[n - (k + 1)] \tag{2.44}$$

2. 预测值 Y_f 置信区间的计算

【例 2.13】研究本企业渠道投入 X_1，和同行竞争企业渠道投入 X_2，分别对企业销售收入 Y 的影响。在例 2.4、例 2.7 中，已得相关的中间结果为：

(1) $\widehat{Y} = 0.4 + 1.3X_1 - 0.5X_2$；

(2) $(\boldsymbol{X}^{\mathrm{T}}\boldsymbol{X})^{-1} = \begin{pmatrix} 11 & 1.2 & -3 \\ 1.2 & 0.3 & -0.5 \\ -3 & -0.5 & 1 \end{pmatrix}$；

(3) $\widehat{\sigma}^2 = 0.25$。

问题：若 $X_{1f} = 10$，$X_{2f} = 9$，要求以 $1 - \alpha = 95\%$ 的置信度，计算企业销售收入 Y_f 的置信区间。

(1)概率表述为：$P\left(\dfrac{|\widehat{Y}_f - Y_f|}{\widehat{\sigma}\sqrt{1 + \boldsymbol{X}_f(\boldsymbol{X}^{\mathrm{T}}\boldsymbol{X})^{-1}\boldsymbol{X}_f^{\mathrm{T}}}} \leqslant t_{\alpha/2}\right) = 1 - \alpha$。

(2)临界值为：$t_{\alpha/2}[n - (k + 1)] = t_{\alpha/2}(2) = 4.303$。

(3)置信区间不等式为：

$$\boldsymbol{X}_f = (1 \quad 10 \quad 9)$$

$$\boldsymbol{X}_f(\boldsymbol{X}^{\mathrm{T}}\boldsymbol{X})^{-1}\boldsymbol{X}_f^{\mathrm{T}} = (1 \quad 10 \quad 9)\begin{pmatrix} 11 & 1.2 & -3 \\ 1.2 & 0.3 & -0.5 \\ -3 & -0.5 & 1 \end{pmatrix}\begin{pmatrix} 1 \\ 10 \\ 9 \end{pmatrix} = 2$$

$$\frac{|8.9 - Y_f|}{0.5\sqrt{1 + \boldsymbol{X}_f(\boldsymbol{X}^{\mathrm{T}}\boldsymbol{X})^{-1}\boldsymbol{X}_f^{\mathrm{T}}}} \leqslant 4.303$$

展开不等式，即有：$5.1735 \leqslant Y_f \leqslant 12.6265$。

(4)结论：在 X_{1f}、X_{2f} 的条件下，以 $1 - \alpha = 95\%$ 的置信度，销售收入 Y_f 变动的区间是 $[5.1735,\ 12.6265]$。

三、预测评价标准

利用模型进行预测，其结果可通过多个标准进行评价。在 EViews 的输出结果中，同时给出了这些评价标准的指标值，如图 2.8 所示。

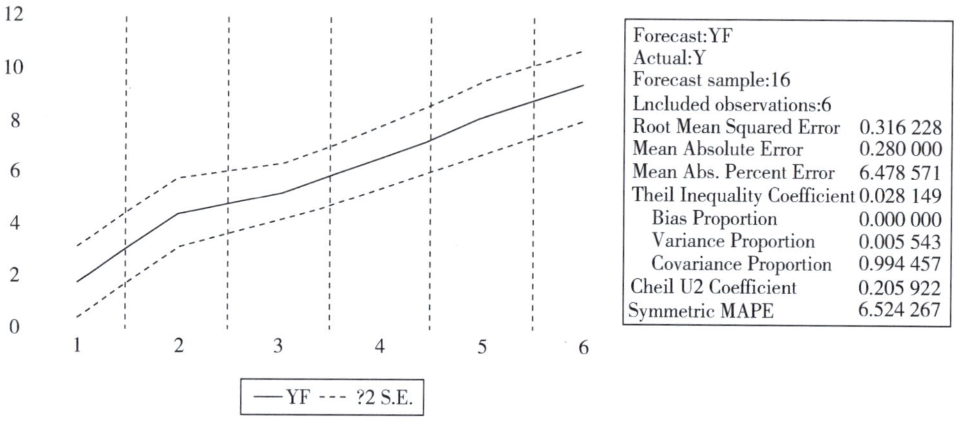

图 2.8　评价标准的指标值

下面介绍图 2.8 中几个预测评价的相对指标。

(1)平均绝对百分误差(Mean Abs. Percent Error)为：

$$MAPE = \frac{1}{n}\sum \left| \frac{\hat{Y}_i - Y_i}{Y_i} \times 100 \right| \tag{2.45}$$

$MAPE$ 为误差的相对指标，一般认为，$MAPE<10$ 时，模型的预测精度较高。

在图 2.8 中，$MAPE=6.478\ 571<10$，因此模型的预测精度较高。

(2)泰尔不等系数(Theil Inequality Coefficient)为：

$$Theil\ IC = \frac{\sqrt{\frac{1}{n}\sum (\hat{Y}_i - Y_i)^2}}{\sqrt{\frac{1}{n}\sum \hat{Y}_i^2} + \sqrt{\frac{1}{n}\sum Y^2}} \tag{2.46}$$

泰尔不等系数由亨利·泰尔(Henri Theil)于 1967 年提出，用于衡量收入的不平等情况。此系数值介于 0 和 1 之间，越向 0 靠近，模型的预测精度越高。

在图 2.8 中，$Theil\ IC=0.028\ 149$，接近 0，因此模型的预测精度较高。

(3)偏差率(Bias Proportion)、方差率(Variance Proportion)、协差率(Covariance Proportion)。

偏差率反映了预测的平均值与实际数值的平均值之间的差异，定义为：

$$BP = \frac{(\bar{\hat{Y}} - \bar{Y})^2}{\sum (\hat{Y}_i - Y_i)^2/n} \tag{2.47}$$

方差率反映了预测值的波动与实际数值的波动之间的差异，定义为：

$$VP=\frac{(\sigma_{\hat{Y}}-\sigma_Y)^2}{\sum(\hat{Y}_i-Y_i)^2/n} \tag{2.48}$$

其中：

$$\sigma_{\hat{Y}}=\sqrt{\sum(\hat{Y}_i-\bar{\hat{Y}})^2/n}\,,\ \sigma_Y=\sqrt{\sum(Y_i-\bar{Y})^2/n}$$

协差率反映了剩余的非系统预测误差，定义为：

$$CP=\frac{2(1-r)\ \sigma_{\hat{Y}}\sigma_Y}{\sum(\hat{Y}_i-Y_i)^2/n} \tag{2.49}$$

其中：

$$r=\frac{\sum(\hat{Y}_i-\bar{\hat{Y}})(Y_i-\bar{Y})/n}{\sigma_{\hat{Y}}\sigma_Y}$$

BP、VP、CP 的取值范围为 0～1，它们是一组相互关联的误差指标，其关系为：

$$BP+VP+CP=1 \tag{2.50}$$

在样本内预测时，由于 $\bar{\hat{Y}}=\bar{Y}$，所以有 $BP=0$。预测精度的判断主要依靠协差率 CP，BP、VP 可看成计算 CP 的中间结果。CP 越靠近 1（100%），模型的预测精度越高。

在图 2.8 中，$CP=0.994\ 457$，接近 1，因此模型的预测精度较高。

习题二

1. 说明经典回归模型中对随机误差项 ε 的要求。

2. 简述高斯-马尔可夫定理，以及其在判断回归参数概率分布函数时的作用。

3. 研究某种经济因素 Y 受到其他因素 X_1、X_2的影响。

设总体回归模型为：$Y=\beta_0+\beta_1X_1+\beta_2X_2+\varepsilon$。

样本数据如表 2.8 所示。

表 2.8　样本数据

X_1	3	4	4	5	6
X_2	9	10	9	11	12
Y	2	3	6	5	7

已知：$(\boldsymbol{X}^{\mathrm{T}}\boldsymbol{X})^{-1}=\begin{pmatrix} 42.7 & 6.8 & -7.1 \\ 6.8 & 1.7 & -1.4 \\ -7.1 & -1.4 & 1.3 \end{pmatrix}$。

(1)写出样本回归方程组及其矩阵形式。

(2)计算 $\boldsymbol{X}^{\mathrm{T}}\boldsymbol{Y}$，且根据 $\widehat{\boldsymbol{B}}=(\boldsymbol{X}^{\mathrm{T}}\boldsymbol{X})^{-1}\boldsymbol{X}^{\mathrm{T}}\boldsymbol{Y}$，求回归参数 $\widehat{\boldsymbol{B}}$。

(3)设 $D(\varepsilon_i)=\sigma^2$，结合矩阵 $(\boldsymbol{X}^{\mathrm{T}}\boldsymbol{X})^{-1}$，解释 $42.7\sigma^2$、$-1.4\sigma^2$、$1.3\sigma^2$ 的意义。

4. 研究某种商品的需求 Q 与收入 I、价格 P 之间的关系。

样本数据如表 2.9 所示。

表 2.9　收入、价格、需求数据

收入 I	3	5	6	7	9
价格 P	2	4	7	8	14
需求 Q	7	8	6	6	2

已知：$(\boldsymbol{X}^{\mathrm{T}}\boldsymbol{X})^{-1}=\begin{pmatrix} 8.25 & -2.8 & 1.25 \\ -2.8 & 1.05 & -0.5 \\ 1.25 & -0.5 & 0.25 \end{pmatrix}$。

以及模型的估计结果为：$\widehat{Q}=4.65+1.65\cdot I-1.25\cdot P$。

(1)说明模型的回归参数是否具有经济意义。

(2)解释收入 I、价格 P 的系数的经济意义。

(3)填写表 2.10 所缺数据，并计算 $\overline{Q}$、$\overline{\widehat{Q}}$、RSS、TSS、ESS、$\widehat{\sigma}^2$、R^2、$\overline{R}^2$。

表 2.10 需求、拟合值、残差数据

需求 Q	7	8	6	6	2
拟合值 $\hat{Q}$					
残差 e_i					

(4) 在 $\alpha = 5\%$ 的显著性水平下，判断价格 P 对需求 Q 是否有显著影响。

(5) 在 $\alpha = 5\%$ 的显著性水平下，判断以收入 I、价格 P 构成的线性模型总体是否显著。

(6) 按 $1-\alpha=95\%$ 的置信度，判断价格 P 提高 1 个单位对需求 Q 带来的影响范围。

(7) 按 $1-\alpha=95\%$ 的置信度，求收入 $I=10$、价格 $P=10$ 时，需求 Q 的置信区间。

5. 表 2.11 所示是 1990—2019 年中国 GDP(以 P 表示)、居民消费水平 C 和税收 T 的数据。

表 2.11 1990—2019 年中国 GDP、居民消费水平和税收数据

年份	P/亿元	C/元	T/亿元	年份	P/亿元	C/元	T/亿元
1990	18 923.3	831	2 821.86	2005	185 998.9	5 688	28 778.54
1991	22 050.3	916	2 990.17	2006	219 028.5	6 319	34 804.35
1992	27 208.2	1 057	3 296.91	2007	270 704.0	7 454	45 621.97
1993	35 599.2	1 332	4 255.30	2008	321 229.5	8 504	54 223.79
1994	48 548.2	1 799	5 126.88	2009	347 934.9	9 249	59 521.59
1995	60 356.6	2 329	6 038.04	2010	410 354.1	10 575	73 210.79
1996	70 779.6	2 763	6 909.82	2011	483 392.8	12 668	89 738.39
1997	78 802.9	2 974	8 234.04	2012	537 329.0	14 074	100 614.28
1998	83 817.6	3 122	9 262.80	2013	588 141.2	15 586	110 530.70
1999	89 366.5	3 340	10 682.58	2014	644 380.2	17 220	119 175.31
2000	99 066.1	3 712	12 581.51	2015	685 571.2	18 857	124 922.20
2001	109 276.2	3 968	15 301.38	2016	742 694.1	20 801	130 360.73
2002	120 480.4	4 270	17 636.45	2017	830 945.7	22 968	144 369.87
2003	136 576.3	4 555	20 017.31	2018	915 243.5	25 245	156 402.86
2004	161 415.4	5 071	24 165.68	2019	983 751.2	27 504	158 000.46

数据来源：国家统计局(https://data.stats.gov.cn)。

(1) 建立税收模型一：$T_t = \beta_0 + \beta_1 P_t + \varepsilon_t$。

估计模型，对模型进行 t 检验、F 检验。

(2)建立税收模型二：$T_t = \beta_0 + \beta_1 C_t + \varepsilon_t$。

估计模型，对模型进行 t 检验、F 检验。

(3)建立税收模型三：$T_t = \beta_0 + \beta_1 P_t + \beta_2 C_t + \varepsilon_t$。

估计模型，对模型进行 t 检验、F 检验。

(4)从模型的显著性、拟合优度、估计标准误差、信息准则等角度，评价以上三个模型。

第三章　单方程专门问题

本章主要讨论三类经典单方程问题，包括分布滞后模型、非线性模型，以及虚拟变量模型。

第一节　分布滞后模型

一、滞后效应及产生原因

被解释变量除了受到解释变量当期值的影响，还受到解释变量的过去值、被解释变量自身的过去值的影响，这种现象称为滞后效应。

滞后效应是一种普遍存在的经济现象，其产生的原因包括以下几个。

(1)心理因素。经济活动是人参与的一种社会活动，必然受到人的行为、心理的影响。例如，某种商品的消费不仅受到当前价格的影响，还受到消费者未来预期价格的影响。

(2)技术因素。任何产品的备料、生产、流通、营销各环节都需要时间，会形成技术上的滞后。例如，农产品产量对价格的滞后反应会形成蛛网效应。

(3)制度因素。例如，政府政策的调整、企业产品结构的改变等，对社会经济的影响并不一定立竿见影，往往综合国内外环境、人们的心理预期、经济惯性等因素，形成滞后效应。

二、分布滞后模型形式

分布滞后模型可以反映被解释变量受到解释变量当期、滞后期的影响。

有限分布滞后模型(以 s 为滞后期阶数)为：

$$Y_t = \alpha + \beta_0 X_t + \beta_1 X_{t-1} + \cdots + \beta_s X_{t-s} + \varepsilon_t \tag{3.1}$$

无限分布滞后模型为：

$$Y_t = \alpha + \beta_0 X_t + \beta_1 X_{t-1} + \beta_2 X_{t-2} + \cdots + \varepsilon_t \tag{3.2}$$

本节主要讨论有限分布滞后模型。

【例 3.1】通胀滞后模型为：

$$P_t = \alpha + \beta_0 M_t + \beta_1 M_{t-1} + \beta_2 M_{t-2} + \varepsilon_t$$

该模型是 M_t 的 3 阶滞后模型。其中，P_t 为物价指数，M_t 为广义货币增长率。

对于有限分布滞后模型式(3.1)，各期的系数 β_0，β_1，…，β_s 称为 X 对 Y 的影响乘数，简称乘数。其中，β_0 为短期乘数(或即期乘数)，表示当期 X 变动一个单位对当期 Y 的平均影响；β_1，β_2，…，β_s 为动态乘数或延迟乘数，表示第 i 期 X 变动一个单位对当期 Y 的平均影响；各期系数之和 $\sum_0^s \beta_i$ 为长期乘数，表示 X 对 Y 的总体影响。

此外，表达滞后效应的还有自回归模型、动态模型两种常见模型。

自回归模型的被解释变量受到解释变量当期、被解释变量滞后期的影响：

$$Y_t = \alpha + \beta_0 X_t + \delta_1 Y_{t-1} + \cdots + \delta_p Y_{t-p} + \varepsilon_t \quad (3.3)$$

动态模型的被解释变量受到解释变量当期、滞后期，以及被解释变量滞后期的影响：

$$Y_t = \alpha + \beta_0 X_t + \beta_1 X_{t-1} + \cdots + \beta_p X_{t-p} + \delta_1 Y_{t-1} + \cdots + \delta_p Y_{t-p} + \varepsilon_t \quad (3.4)$$

三、分布滞后模型估计中面临的问题

1. 自由度问题

滞后期的增加使变量 k 增加、有效样本容量相对减少。而 t 检验的自由度、预测值置信区间的自由度均为 $n-(k+1)$，这可能导致自由度的不充分。

2. 多重共线性问题

作为时间序列，解释变量及其滞后期 X_t，X_{t-1}，X_{t-2}，… 往往存在较为严重的共线性。

针对以上问题，在实际工作中通常采用下面的方法，实现弱化共线性，减少自由度的损失。

(1)已知当期、滞后期之间的影响权重。可以构建当期、滞后期的线性组合，充当新的解释变量，从而减少参数和变量个数，这就是所谓的经验权重法。

(2)多数时候，未知当期、滞后期之间的权重关系。阿尔蒙(Almon)于 1965 年提出了对解释变量的系数作多项式系数变换，构建当期、滞后期的线性组合，形成新的解释变量参数体系的方法，称为阿尔蒙多项式系数变换法。这种方法也实现了参数和变量个数的减少。

3. 滞后长度问题

滞后期长度的精准确定并非易事，没有明确的规则可依。施沃特(Schwert)于 1989 年提出了根据样本容量 n 来设置最大滞后阶的方法：$p = \left[12\left(\frac{n}{100}\right)^{1/4}\right]$，其中

$[x]$表示对 x 取整。

在实际工作中，一般先根据实际问题设定一个带最大滞后期的模型，然后根据经济数据特征、统计检验、回归标准误差、拟合优度、信息准则等结果不断调整，最后择优确定。

四、经验加权估计方法

设滞后变量模型为：

$$Y_t = \alpha + \beta_0 X_t + \beta_1 X_{t-1} + \cdots + \beta_s X_{t-s} + \varepsilon_t$$

假定已知 X_t，X_{t-1}，$\cdots$，X_{t-s}各期的权重关系为 δ_0，δ_1，$\cdots$，δ_s，那么设替代变量为：

$$W_t = \delta_0 X_t + \delta_1 X_{t-1} + \cdots + \delta_s X_{t-s}$$

则估计新模型为：

$$Y_t = \alpha + \gamma W_t + \varepsilon_t$$

在估计结果中，原模型与新模型的截距项 $\hat{\alpha}$ 相同。根据权重关系，各期解释变量的回归系数为：

$$\hat{\beta}_0 = \delta_0 \hat{\gamma},\ \hat{\beta}_1 = \delta_1 \hat{\gamma},\ \cdots,\ \hat{\beta}_s = \delta_s \hat{\gamma}$$

权数的设定虽然合乎经济意义、保持已有的知识经验，但毕竟带有很大的主观性，有可能导致参数估计量有偏差和不一致。一般设定多组权重，分别比较不同的估计结果，结合统计检验、DW 检验、拟合优度、信息准则等，选择较优者建立最终模型。

1. 不变权重（相同权重）

【例 3.2】库存模型（销售量为 S_t，库存量为 I_t）为：

$$I_t = \alpha + \beta_0 S_t + \beta_1 S_{t-1} + \beta_2 S_{t-2} + \beta_3 S_{t-3} + \varepsilon_t$$

已知各期销售量对库存量的影响权重相同，可设定为：

$$\frac{1}{4},\ \frac{1}{4},\ \frac{1}{4},\ \frac{1}{4}$$

引入新变量：

$$W_t = \frac{1}{4} S_t + \frac{1}{4} S_{t-1} + \frac{1}{4} S_{t-2} + \frac{1}{4} S_{t-3}$$

估计新模型为：

$$I_t = \alpha + \gamma W_t + \varepsilon_t$$

得到 $\hat{\alpha}$、$\hat{\gamma}$，原模型与新模型的截距项 $\hat{\alpha}$ 相同。根据权重关系，各期解释变量的回归系数为：

$$\hat{\beta}_0 = \frac{1}{4}\hat{\gamma},\ \hat{\beta}_1 = \frac{1}{4}\hat{\gamma},\ \hat{\beta}_2 = \frac{1}{4}\hat{\gamma},\ \hat{\beta}_3 = \frac{1}{4}\hat{\gamma}$$

2. 递减权重

【例 3.3】消费函数模型（消费为 C_t，收入为 I_t）为：

$$C_t = \alpha + \beta_0 I_t + \beta_1 I_{t-1} + \beta_2 I_{t-2} + \beta_3 I_{t-3} + \varepsilon_t$$

已知收入对消费的影响是递减的，可试探设定为：

$$\frac{1}{2},\ \frac{1}{4},\ \frac{1}{6},\ \frac{1}{12}$$

引入新变量：

$$W_t = \frac{1}{2} I_t + \frac{1}{4} I_{t-1} + \frac{1}{6} I_{t-2} + \frac{1}{12} I_{t-3}$$

估计新模型为：

$$Y_t = \alpha + \gamma W_t + \varepsilon_t$$

得到 $\hat{\alpha}$、$\hat{\gamma}$，原模型与新模型的截距项 $\hat{\alpha}$ 相同。根据权重关系，各期解释变量的回归系数为：

$$\hat{\beta}_0 = \frac{1}{2}\hat{\gamma},\ \hat{\beta}_1 = \frac{1}{4}\hat{\gamma},\ \hat{\beta}_2 = \frac{1}{6}\hat{\gamma},\ \hat{\beta}_3 = \frac{1}{12}\hat{\gamma}$$

实际工作中，可取多组不同的递减权重，分别估计后比对选择。

3. 倒 V 权重(∧型权重)

【例 3.4】GDP 产出模型(GDP 为 Y_t，投资为 I_t)为：

$$Y_t = \alpha + \beta_0 I_t + \beta_1 I_{t-1} + \beta_2 I_{t-2} + \beta_3 I_{t-3} + \beta_4 I_{t-4} + \varepsilon_t$$

已知即期、远期投入对 GDP 影响较小，中期影响最大，即为倒 V 权重，可试探设定为：

$$\frac{1}{5},\ \frac{1}{3},\ \frac{1}{2},\ \frac{1}{4},\ \frac{1}{8}$$

引入新变量：

$$W_t = \frac{1}{5} I_t + \frac{1}{3} I_{t-1} + \frac{1}{2} I_{t-2} + \frac{1}{4} I_{t-3} + \frac{1}{8} I_{t-4}$$

估计新模型为：

$$Y_t = \alpha + \gamma W_t + \varepsilon_t$$

得到 $\hat{\alpha}$、$\hat{\gamma}$，原模型与新模型的截距项 $\hat{\alpha}$ 相同。根据权重关系，各期解释变量的回归系数为：

$$\hat{\beta}_0 = \frac{1}{5}\hat{\gamma},\ \hat{\beta}_1 = \frac{1}{3}\hat{\gamma},\ \hat{\beta}_2 = \frac{1}{2}\hat{\gamma},\ \hat{\beta}_3 = \frac{1}{4}\hat{\gamma},\ \hat{\beta}_4 = \frac{1}{8}\hat{\gamma}$$

实际工作中，可取多组不同的倒 V 权重，分别估计，比对选择。

五、阿尔蒙多项式估计法

对于滞后变量模型式(3.1)，阿尔蒙假定解释变量 X_{t-i} 的系数 β_i 可用一个适当的多项式逼近：

$$\beta_i = \alpha_0 i^0 + \alpha_1 i^1 + \alpha_2 i^2 + \cdots + \alpha_m i^m \tag{3.5}$$

其中，$i = 0, 1, 2, \cdots, s$，多项式次数小于滞后期，即 $m<s$，且约定 $0^0=1$。

式(3.5)称为阿尔蒙有限多项式分布滞后模型(polynomial distribution lag model, PDL)变换。

在用 EViews 处理时，为减小 α_0，α_1，…，α_m 的值，保持阿尔蒙多项式系数变换的原理不变，可以将各 i^j 项换成 $(i-1)^j$，即所谓的系数派生变换：

$$\beta_i = \alpha_0 (i-1)^0 + \alpha_1 (i-1)^1 + \alpha_2 (i-1)^2 + \cdots + \alpha_m (i-1)^m \quad (3.6)$$

通过下例，我们来理解经验加权法、阿尔蒙多项式系数变换法，以及 EViews 处理时的派生变换法的具体运用。

【例 3.5】通过表 3.1 所示的数据，研究美国制造业 1954—1999 年的库存量 I 与销售额 S 之间的关系。

表 3.1　美国制造业 1954—1999 年库存量与销售额数据

（单位：百万美元）

年份	I	S	年份	I	S	年份	I	S
1954	41 612	23 355	1970	101 599	52 805	1986	322 654	194 657
1955	45 069	26 480	1971	102 567	55 906	1987	338 109	206 326
1956	50 642	27 740	1972	108 121	63 027	1988	369 374	224 619
1957	51 871	28 736	1973	124 499	72 931	1989	391 212	236 698
1958	50 203	27 248	1974	157 625	84 790	1990	405 073	242 686
1959	52 913	30 286	1975	159 708	86 589	1991	390 905	239 847
1960	53 786	30 878	1976	174 636	98 797	1992	382 510	250 394
1961	54 871	30 922	1977	188 378	113 201	1993	384 039	260 635
1962	58 172	33 358	1978	211 691	126 905	1994	404 877	279 002
1963	60 029	35 058	1979	242 157	143 936	1995	430 985	299 555
1964	63 410	37 331	1980	265 215	154 391	1996	436 729	309 622
1965	68 207	40 995	1981	283 413	168 129	1997	456 133	327 452
1966	77 986	44 870	1982	311 852	16 3351	1998	466 798	337 687
1967	84 646	46 486	1983	312 379	172 547	1999	470 377	354 961
1968	90 560	50 229	1984	339 516	190 682			
1969	98 145	53 501	1985	334 749	194 538			

数据来源：《计量经济学基础》第 4 版，[美]古扎拉蒂著，费剑平等译，中国人民大学出版社出版。

1)建立 3 阶滞后模型

取 $s=3$，滞后模型为：

$$I_t = \alpha + \beta_0 S_t + \beta_1 S_{t-1} + \beta_2 S_{t-2} + \beta_3 S_{t-3} + \varepsilon_t \quad (3.7)$$

需要说明的是，此处取滞后期为 3 未必是最佳的，可以看成一次试探。

2)经验加权法处理滞后模型

面对一个具有滞后效应的经济问题，已知滞后各期具有较为稳定的权重关系，但未曾确定其滞后期数以及各期权重时，可以进行模型的多种权重组合试探，以期对模型有一个初步的判断。

下面以滞后 3 阶模型为例，对不变权重、递减权重、倒 V 权重的模型进行试探。其中，不变权重系数分别取 0. 25、0. 25、0. 25、0. 25，递减权重系数分别取 0. 4、0. 3、0. 2、0. 1，倒 V 权重系数分别取 0. 2、0. 4、0. 3、0. 1。

需要说明的是，权重系数的取法具有很大的经验性、主观随意性，这可以视作一次试探。滞后期究竟为多少较合适？各期权重系数较佳值究竟是多少？这是一个反复试探、比对、择优的过程。

图 3. 1、图 3. 2、图 3. 3 所示分别为库存模型的不变权重、递减权重、倒 V 权重回归结果。

Variable	Coefficient	Std. Error	t-Statistic	Prob.
C	31331.58	6627.981	4.727168	0.0000
SALE+SALE(-1)+SALE(-2)+SALE(-3)	0.375268	0.010113	37.10625	0.0000

R-squared	0.971083	Mean dependent var	230992.5
Adjusted R-squared	0.970378	S.D. dependent var	147449.8
S.E. of regression	25377.57	Akaike info criterion	23.16651
Sum squared resid	2.64E+10	Schwarz criterion	23.24843
Log likelihood	-496.0801	Hannan-Quinn criter.	23.19672
F-statistic	1376.874	Durbin-Watson stat	0.167447
Prob(F-statistic)	0.000000		

图 3. 1　库存模型的不变权重回归结果

Variable	Coefficient	Std. Error	t-Statistic	Prob.
C	29677.17	6419.857	4.622716	0.0000
0.4*SALE+0.3*SALE(-1)+0.2*SALE(-2)+...	1.473091	0.038230	38.53237	0.0000

R-squared	0.973128	Mean dependent var	230992.5
Adjusted R-squared	0.972472	S.D. dependent var	147449.8
S.E. of regression	24464.03	Akaike info criterion	23.09319
Sum squared resid	2.45E+10	Schwarz criterion	23.17511
Log likelihood	-494.5036	Hannan-Quinn criter.	23.12340
F-statistic	1484.743	Durbin-Watson stat	0.152202
Prob(F-statistic)	0.000000		

图 3. 2　库存模型的递减权重回归结果

Variable	Coefficient	Std. Error	t-Statistic	Prob.
C	30754.77	6532.964	4.707630	0.0000
0.2*SALE+0.4*SALE(-1)+0.3*SALE(-2)+...	1.489685	0.039489	37.72367	0.0000

R-squared	0.971996	Mean dependent var	230992.5
Adjusted R-squared	0.971313	S.D. dependent var	147449.8
S.E. of regression	24973.94	Akaike info criterion	23.13445
Sum squared resid	2.56E+10	Schwarz criterion	23.21637
Log likelihood	-495.3907	Hannan-Quinn criter.	23.16466
F-statistic	1423.075	Durbin-Watson stat	0.172153
Prob(F-statistic)	0.000000		

图 3.3 库存模型的倒 V 权重回归结果

显然，以上三种权重的回归结果统计检验显著（t 检验和 F 检验），都有良好的解释效果（$R^2>0.97$），递减权重的 $\bar{R}^2$ 值略大（$\bar{R}^2=0.972\ 472$）。

对于回归标准误差，三者中递减权重的最小（$\hat{\sigma}=24\ 464.03$），说明此权重构成的模型样本数据围绕回归均值的平稳性略好。

对于三个信息准则值，也是递减权重的最小（AIC＝23.093 19，SC＝23.175 11，HQC＝23.123 40），说明此权重构成的模型结构略好。

在三种权重的估计结果中，DW 统计量较低，说明可能存在自相关现象。

据此，初步确定库存模型为递减权重类型。

3）阿尔蒙多项式系数变换法

设式（3.7）中滞后期 $s=3$，阿尔蒙多项式次数首先取 $m=2$ 进行试探。系数变换中，约定 $0^0=1$。

（1）直接变换法：

$$\begin{cases}\beta_0=\alpha_0\cdot 0^0+\alpha_1\cdot 0^1+\alpha_2\cdot 0^2=\alpha_0\\ \beta_1=\alpha_0\cdot 1^0+\alpha_1\cdot 1^1+\alpha_2\cdot 1^2=\alpha_0+\alpha_1+\alpha_2\\ \beta_2=\alpha_0\cdot 2^0+\alpha_1\cdot 2^1+\alpha_2\cdot 2^2=\alpha_0+2\alpha_1+4\alpha_2\\ \beta_3=\alpha_0\cdot 3^0+\alpha_1\cdot 3^1+\alpha_2\cdot 3^2=\alpha_0+3\alpha_1+9\alpha_2\end{cases}\tag{3.8}$$

将上述结果代入式（3.7），稍加整理得：

$$\begin{aligned}I_t=\alpha+\alpha_0(S_t+S_{t-1}+S_{t-2}+S_{t-3})+\\ \alpha_1(S_{t-1}+2S_{t-2}+3S_{t-3})+\\ \alpha_2(S_{t-1}+4S_{t-2}+9S_{t-3})+\varepsilon_t\end{aligned}$$

进行变量代换后，有：

$$I_t=\alpha+\alpha_0W_0+\alpha_1W_1+\alpha_2W_2+\varepsilon_t$$

估计模型后，$\hat{\alpha}$ 不变。根据 $\hat{\alpha}_0$、$\hat{\alpha}_1$、$\hat{\alpha}_2$，按式（3.8）计算 $\hat{\beta}_0$、$\hat{\beta}_1$、$\hat{\beta}_2$、$\hat{\beta}_3$。

(2)派生变换法：

$$\begin{cases}\beta_0 = \alpha_0(0-1)^0+\alpha_1(0-1)^1+\alpha_2(0-1)^2=\alpha_0-\alpha_1+\alpha_2\\ \beta_1 = \alpha_0(1-1)^0+\alpha_1(1-1)^1+\alpha_2(1-1)^2=\alpha_0\\ \beta_2 = \alpha_0(2-1)^0+\alpha_1(2-1)^1+\alpha_2(2-1)^2=\alpha_0+\alpha_1+\alpha_2\\ \beta_3 = \alpha_0(3-1)^0+\alpha_1(3-1)^1+\alpha_2(3-1)^2=\alpha_0+2\alpha_1+4\alpha_2\end{cases} \tag{3.9}$$

代入式(3.7)，整理后得：

$$\begin{aligned}I_t = \alpha + \alpha_0(S_t+S_{t-1}+S_{t-2}+S_{t-3}) + \\ \alpha_1(-S_t+S_{t-2}+2S_{t-3}) + \\ \alpha_2(S_t+S_{t-2}+4S_{t-3})+\varepsilon_t\end{aligned}$$

进行变量代换后，有：

$$I_t = \alpha + \alpha_0 V_0 + \alpha_1 V_1 + \alpha_2 V_2 + \varepsilon_t \tag{3.10}$$

估计模型后，$\hat{\alpha}$不变。根据$\hat{\alpha}_0$、$\hat{\alpha}_1$、$\hat{\alpha}_2$，按式(3.9)计算$\hat{\beta}_0$、$\hat{\beta}_1$、$\hat{\beta}_2$、$\hat{\beta}_3$。

下面是 EViews 按式(3.9)的变换处理式(3.10)、式(3.7)的结果。其中，滞后 3 期库存模型的 PDL(S，3，2)结果如图 3.4 所示。

Variable	Coefficient	Std. Error	t-Statistic	Prob.
C	25845.06	6596.998	3.917700	0.0003
PDL01	0.683601	0.467258	1.463006	0.1515
PDL02	-0.491443	0.494345	-0.994130	0.3263
PDL03	-0.060046	0.454967	-0.131980	0.8957

R-squared	0.975507	Mean dependent var	230992.5
Adjusted R-squared	0.973623	S.D. dependent var	147449.8
S.E. of regression	23947.32	Akaike info criterion	23.09351
Sum squared resid	2.24E+10	Schwarz criterion	23.25734
Log likelihood	-492.5104	Hannan-Quinn criter.	23.15392
F-statistic	517.7656	Durbin-Watson stat	0.164303
Prob(F-statistic)	0.000000		

Lag Distribution ...	i	Coefficient	Std. Error	t-Statistic
	0	1.11500	0.53817	2.07182
	1	0.68360	0.46726	1.46301
	2	0.13211	0.46564	0.28372
	3	-0.53947	0.56566	-0.95371
Sum of Lags		1.39124	0.05630	24.7103

图 3.4　滞后 3 期库存模型的 PDL(S，3，2)结果

从图 3.4 的 PDL 处理结果，可以得出以下结论。

①系数的对应关系。PDL01、PDL02、PDL03 分别对应派生系数 α_0、α_1、α_2 的回归结果，0、1、2、3 分别对应 β_0、β_1、β_2、β_3 的回归结果。从中可以看出对应的数量关系，如：

$$\hat{\beta}_1 = \hat{\alpha}_0 = 0.683\ 60,\ \hat{\beta}_3 = \hat{\alpha}_0 + 2\hat{\alpha}_1 + 4\hat{\alpha}_2 = -0.539\ 47$$

②统计检验的结果。$R^2=0.975\ 507$，F 检验显著，说明模型整体具有合理性，PDL01、PDL02、PDL03 整体上对库存量 I 有显著的解释效果。

DW=0.164 303，非常接近 0，说明模型很可能存在自相关。

但 PDL01、PDL02、PDL03 的 t 检验均不显著，可能存在共线性。PDL 系列参数的显著性与 PDL 的具体形式紧密相关，很多时候，这种现象可通过改变滞后项期数、阿尔蒙多项式次数、增加约束条件等方式予以调整。

③影响乘数。由图 3.4 知，$\hat{\beta}_0$、$\hat{\beta}_1$、$\hat{\beta}_2$、$\hat{\beta}_3$ 分别表示即期乘数、各延迟乘数，表示各个时期 S 对 I 的不同影响，它们呈递减状态，体现了销售额对库存量的影响呈现衰减现象。四者之和即长期乘数为 1.391 24，表示 S 对 I 的总体影响。

调整阿尔蒙多项式次数，取 $m=1$，则滞后 3 期库存模型的 PDL(S，3，1)结果如图 3.5 所示。

Variable	Coefficient	Std. Error	t-Statistic	Prob.
C	25811.31	6510.573	3.964523	0.0003
PDL01	0.623194	0.092855	6.711454	0.0000
PDL02	-0.550647	0.205168	-2.683883	0.0105

R-squared	0.975496	Mean dependent var	230992.5
Adjusted R-squared	0.974271	S.D. dependent var	147449.8
S.E. of regression	23651.36	Akaike info criterion	23.04744
Sum squared resid	2.24E+10	Schwarz criterion	23.17032
Log likelihood	-492.5200	Hannan-Quinn criter.	23.09276
F-statistic	796.1979	Durbin-Watson stat	0.158914
Prob(F-statistic)	0.000000		

Lag Distribution of ...	i	Coefficient	Std. Error	t-Statistic
	0	1.17384	0.29769	3.94313
	1	0.62319	0.09286	6.71145
	2	0.07255	0.11319	0.64096
	3	-0.47810	0.31810	-1.50299
	Sum of Lags	1.39148	0.05558	25.0372

图 3.5 滞后 3 期库存模型的 PDL(S，3，1)结果

较之图 3.4 的结果，调整后可见各 PDL 参数项均通过 t 检验，$\bar{R}^2$ 值有所提升，信息准则值也全面下降。从 DW 统计量看，仍然存在自相关问题。

以上过程均可看成滞后变量模型处理的试探。相对于式(3.7)，还可取滞后 1 期、2 期、4 期等，结合不同权重、不同的阿尔蒙多项式次数进行试探。从统计检验、DW 检验、拟合优度、回归估计标准误差、信息准则等多方面结果进行界定比选，最终确定一个较优的结果。

第二节　非线性模型

在现实经济问题中，用线性模型进行回归时，不少问题的拟合效果不够理想。经济变量之间复杂的联系，有时候需要用非线性模型来模拟，结果才更加准确。例如，宏观经济中的菲利普斯曲线揭示了工资变化率和失业率之间的关系，两者之间呈现的双曲函数关系就是非线性的。

本节将介绍基本的、典型的可线性化处理的非线性模型形式，其处理简单，基本方法为两种初等变形：变量代换和对数变换。

EViews 提供了丰富的数学函数及统计函数，为模型的各种处理带来方便。同时，EViews 的处理命令除了可以直接处理序列对象(经济变量)，还可将序列对象的表达式作为处理对象。实际工作中，通常借助 EViews 函数进行模型的线性化处理。

EViews 对模型进行线性化处理时，常用函数为自然对数 log( )、平方根 sqr( )。还可用圆括号、运算符号(加“+”、减“-”、乘“ * ”、除“/”、乘方“^”等)构成序列表达式。

一、多项式模型：变量代换

多项式模型的变量代换如下。

(1)多项式模型为：

$$Y = \beta_0 + \beta_1 X + \beta_2 X^2 + \beta_3 X^3 + \varepsilon$$

可令 $Z_1 = X$，$Z_2 = X^2$，$Z_3 = X^3$，模型变形为：

$$Y = \beta_0 + \beta_1 Z_1 + \beta_2 Z_2 + \beta_3 Z_3 + \varepsilon$$

即实现了模型的线性化处理。在 EViews 中用 Genr 命令创建序列对象，进行类似的处理：

```
Genr  Z1=X
Genr  Z2=X^2
Genr  Z3=X^3
LS  Y  C  Z1  Z2  Z3
```

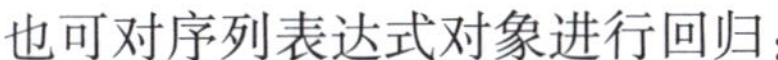

也可对序列表达式对象进行回归：

```
LS  Y  C  X  X^2  X^3
```

(2)多项式模型为：

$$Y = \beta_0 + \beta_1 X_1 + \beta_2 \frac{1}{X_2} + \beta_3 X_1 X_2 + \varepsilon$$

可令 $Z_2 = \frac{1}{X_2}$，$Z_3 = X_1 X_2$，模型变形为：

$$Y = \beta_0 + \beta_1 X_1 + \beta_2 Z_2 + \beta_3 Z_3 + \varepsilon$$

即实现了模型的线性化处理。在 EViews 中进行类似处理：

```
Genr  Z2=1/ X2
Genr  Z3=X1*X2
LS  Y  CX1  Z2  Z3
```

也可对序列表达式对象进行回归：

```
LS  Y  C  X1  1/X2  X1*X2
```

二、半对数模型：变量代换

半对数模型的变量代换如下。

(1)半对数模型为：

$$\ln Y = \beta_0 + \beta_1 X_1 + \beta_2 X_2 + \varepsilon$$

可令 $Z = \ln Y$，模型变形为：

$$Z = \beta_0 + \beta_1 X_1 + \beta_2 X_2 + \varepsilon$$

即实现了模型的线性化处理。在 EViews 中进行类似处理：

```
Genr  Z=log(Y)
LS Z  C  X1  X2
```

也可对序列表达式对象进行回归：

```
LS log(Y)  C  X1  X2
```

(2)半对数模型为：

$$Y = \beta_0 + \beta_1 \ln X_1 + \beta_2 \ln X_2 + \varepsilon$$

可令 $Z_1 = \ln X_1$，$Z_2 = \ln X_2$，模型变形为：

$$Y = \beta_0 + \beta_1 Z_1 + \beta_2 Z_2 + \varepsilon$$

即实现了模型的线性化处理。在 EViews 中进行类似处理：

```
Genr  Z1=log(X1)
Genr  Z2=log(X2)
LS Y  C  Z1  Z2
```

也可对表达式对象进行回归：

```
LS Y  C  log(X1)  log(X2)
```

三、双对数模型：变量代换

双对数模型为：

$$\ln Y = \beta_0 + \beta_1 \ln X_1 + \beta_2 \ln X_2 + \varepsilon$$

其线性化的方法与半对数模型完全类似，请读者自行完成。

四、连乘积模型：对数变换

连乘积模型为：

$$Q = AL^{\alpha}K^{\beta}e^{\varepsilon}$$

两边取自然对数：

$$\ln Q = \ln A + \alpha \ln L + \beta \ln K + \varepsilon$$

再令 $Y = \ln Q$，$X_1 = \ln L$，$X_2 = \ln K$，视 $\gamma = \ln A$，模型变形为：

$$Y = \gamma + \alpha X_1 + \beta X_2 + \varepsilon$$

即实现了模型的线性化处理。请读者自行完成 EViews 中的线性化处理。

五、根式模型(普通幂函数模型)：变量代换

根式模型为：

$$Y = \beta_0 + \beta_1 \sqrt{X_1} + \beta_2 \sqrt[3]{X_2} + \beta_3 \frac{1}{\sqrt{X_1 + X_2}} + \varepsilon$$

可令 $Z_1 = \sqrt{X_1}$，$Z_2 = \sqrt[3]{X_2}$，$Z_3 = \dfrac{1}{\sqrt{X_1 + X_2}}$，模型变形为：

$$Y = \beta_0 + \beta_1 Z_1 + \beta_2 Z_2 + \beta_3 Z_3 + \varepsilon$$

即实现了模型的线性化处理。在 EViews 中进行类似处理：

```
Genr  Z1=X1^(1/2)
Genr  Z2=X2^(1/3)
Genr  Z3=(X1+X2)^(-1/2)
LS  Y  C  Z1  Z2  Z3
```

也可对表达式对象进行回归：

```
LS  Y  C  X1^(1/2)  X2^(1/3)  (X1+X2)^(-1/2)
```

其中，序列表达式形式多样，意义正确即可。例如，X1^(1/2)，可写成 X1^0.5，也可写成 sqr(X1)。

六、指数模型：对数变换、变量代换

指数模型为：

$$Y = \frac{1}{1 + \beta e^{\alpha t + \varepsilon}}$$

模型变形为：

$$\frac{1}{Y} - 1 = \beta e^{\alpha t + \varepsilon}$$

取对数后：

$$\ln\left(\frac{1}{Y} - 1\right) = \ln\beta + \alpha t + \varepsilon$$

再进行变量代换，令 $Z = \ln\left(\frac{1}{Y} - 1\right)$ ，视 $\gamma = \ln\beta$ ，则得到关于 Z、t 的线性模型。请读者自行完成 EViews 中的线性化处理过程。

七、无法用初等方法线性化的模型

在实践中，还存在着大量用初等变形无法实现线性化的非线性模型，如 CES 生产函数：

$$Q = A\left[\delta L^{\theta} + (1 - \delta) K^{\theta}\right]^{\frac{\mu}{\theta}} e^{\varepsilon}$$

解决这类问题的基本方法是，将模型展开为级数形式，近似逼近。EViews 中也提供了对非线性模型进行分析的工具。

【例 3.6】通过表 3.2 所示的数据分析 1980—2019 年我国 GDP 对进口额 I 的影响。

表 3.2　1980—2019 年我国 GDP 与进口额数据　　（单位：亿元）

年份	GDP	I	年份	GDP	I
1980	4 587.6	298.80	2000	100 280.1	18 638.80
1981	4 935.8	367.73	2001	110 863.1	20 159.20
1982	5 373.4	357.54	2002	121 717.4	24 430.30
1983	6 020.9	421.82	2003	137 422.0	34 195.60
1984	7 278.5	620.47	2004	161 840.2	46 435.80
1985	9 098.9	1 257.90	2005	187 318.9	54 273.70
1986	10 376.2	1 498.26	2006	219 438.5	63 376.90
1987	12 174.6	1 614.21	2007	270 092.3	73 296.90
1988	15 180.4	2 055.07	2008	319 244.6	79 526.50
1989	17 179.7	2 199.86	2009	348 517.7	68 618.40

续表

年份	GDP	I	年份	GDP	I
1990	18 872.9	2 574.30	2010	412 119.3	94 699.50
1991	22 005.6	3 398.70	2011	487 940.2	113 161.40
1992	27 194.5	4 443.30	2012	538 580.0	114 801.00
1993	35 673.2	5 986.20	2013	592 963.2	121 037.50
1994	48 637.5	9 960.10	2014	643 563.1	120 358.00
1995	61 339.9	11 048.10	2015	688 858.2	104 336.10
1996	71 813.6	11 557.40	2016	746 395.1	104 967.20
1997	79 715.0	11 806.60	2017	832 035.9	124 789.80
1998	85 195.5	11 626.10	2018	919 281.1	140 881.30
1999	90 564.4	13 736.50	2019	986 515.2	143 253.70

数据来源：《中国统计年鉴》。

(1)建立线性模型为：

$$I_t = \beta_0 + \beta_1 \mathrm{GDP}_t + \varepsilon_t$$

EViews 的输出结果如图 3.6 所示。

Variable	Coefficient	Std. Error	t-Statistic	Prob.
C	5580.809	2734.806	2.040660	0.0483
GDP	0.162698	0.007372	22.06970	0.0000

R-squared	0.927629	Mean dependent var	44051.66
Adjusted R-squared	0.925724	S.D. dependent var	48902.02
S.E. of regression	13327.54	Akaike info criterion	21.88176
Sum squared resid	6.75E+09	Schwarz criterion	21.96620
Log likelihood	-435.6352	Hannan-Quinn criter.	21.91229
F-statistic	487.0715	Durbin-Watson stat	0.233751
Prob(F-statistic)	0.000000		

图 3.6　线性模型的输出结果

在输出结果中，GDP 的回归参数为 0.162 698。表示 GDP 每增加 1 个单位，进口额 I 将增加 0.162 698 个单位，两者之间正相关，符合预期，回归结果具有经济意义。

截距项 β_0 的 P 值为 0.048 3，GDP 系数 β_1 的 P 值为 0.000 0，均小于 $\alpha = 5\%$ 的置信水平，都通过 t 检验，尤其说明 GDP 对 I 有显著影响。

模型整体的 F 统计量为 487.071 5，对应的 P 值为 0.000 000，小于 $\alpha = 5\%$ 的置信水平，通过 F 检验，说明模型整体的有效性。

此外，$R^2 = 0.927\,629$，说明 GDP 对 I 的解释效果良好。

(2)建立双对数模型为：

$$\ln I_t = \beta_0 + \beta_1 \ln \mathrm{GDP}_t + \varepsilon_t$$

EViews 的输出结果如图 3.7 所示。

Variable	Coefficient	Std. Error	t-Statistic	Prob.
C	-3.582669	0.309674	-11.56916	0.0000
LOG(GDP)	1.154683	0.027053	42.68288	0.0000

R-squared	0.979568	Mean dependent var	9.492026
Adjusted R-squared	0.979030	S.D. dependent var	1.984678
S.E. of regression	0.287399	Akaike info criterion	0.392819
Sum squared resid	3.138740	Schwarz criterion	0.477263
Log likelihood	-5.856382	Hannan-Quinn criter.	0.423351
F-statistic	1821.828	Durbin-Watson stat	0.214333
Prob(F-statistic)	0.000000		

图 3.7　双对数模型的输出结果

估计结果中，ln GDP 的回归系数为 1.154 683。表示 GDP 每增加 1%，进口额 I 将增加 1.154 683%，两者之间正相关，符合预期，回归结果具有经济意义。

类似地，可对模型的 t 检验结果、F 检验结果、拟合优度值 R^2 进行评价。

(3)两个模型的对比分析。

①从经济意义的角度看，两个模型中解释变量 GDP 的回归系数的含义不同，在线性模型中表示绝对变动量，在双对数模型中表示相对变动率。

②从图中可以看出，线性模型的回归标准误差 $\hat{\sigma} = 13\,327.54$，双对数模型的 $\hat{\sigma} = 0.287\,399$，后者远小于前者，说明后者回归结果的数据波动更小。

③线性模型的三个信息标准 AIC、SC、HQC 均大于双对数模型，如线性模型的 AIC = 21.881 76，双对数模型的 AIC = 0.392 819，说明后者的模型结构更适当。

第三节　虚拟变量模型

一、虚拟变量的概念

在计量工作中，有时我们可能会遇到以下问题。

1)研究收入的影响因素

采集的样本中既有男性又有女性，那么性别是否也会导致职场的收入产生差距?

2）研究某市家庭收入与支出的关系

采集的样本中既包括农村家庭又包括城镇家庭，我们打算研究城乡之间的差异。

3）研究通货膨胀的决定因素

在观测期中，有些时候政府实行了一项税收政策，我们想检验该政策是否对通货膨胀产生影响。

以上性别、居民家庭类别、税收政策状态等表示品质、类属、状态等定性、非数值性数据，对应取值的经济变量，称为虚拟变量。

二、虚拟变量的设置

虚拟变量对应的是品质性数据，其设置主要面临两个问题：非数值性数据如何量化；确保虚拟变量的独立性。

下面通过例子说明虚拟变量设置时面临的具体问题，以及对应的解决方法。

【例 3.7】研究家庭收入对家庭医疗保健费用支出的影响，考虑户主“文化程度”因素（小学及以下、中学、大学、研究生等四种状态）。

（1）对于文化程度这个品质性变量，它有四种非数值的表现形式。如何用数值与之对应？

有人认为，可以从 0 开始，按照学历高低，逐次递增：小学及以下——0，中学——1，大学——2，研究生——3。

也有人认为，不同的受教育程度，应该有不同的权重，应从 1 开始，等比递增：小学及以下——1，中学——2，大学——4，研究生——8。

以上观点看似都有道理，当然也还可以取其他对应数值关系。

但是，这种顺次对应关系存在两方面的问题：其一，权重值具有随意性，无科学依据；其二，无统一标准，可能随时而异、随地而异、随研究目的而异、随研究者而异……

因此，针对品质性数据的多个类型，设定一个虚拟变量与之对应，虽然可以数值化，但随意性大，缺乏规范性，并不可行。

（2）那么，针对文化程度有四种表现形式，设置四个变量，如：小学及以下——D_1，中学——D_2，大学——D_3，研究生——D_4，结果又如何呢？

为此，我们约定：为某个学历者，对应变量取值 1，其余取 0。例如，某人学历为大学，那么对应的 $D_1=0$，$D_2=0$，$D_3=1$，$D_4=0$。如此一来，对应唯一，无歧义，统一规范，量化问题得到了很好的解决。

但是，新的问题又出现了。那就是变量 D_1、D_2、D_3、D_4 不满足独立性要求。对于任何人，无论其学历如何，$D_1+D_2+D_3+D_4=1$ 都成立，四个变量具有完全的线性关系！这是建立模型时必须避免的。

解决共线性的方法是：四个变量中，取三个变量即可，如 D_1、D_2、D_3。这既可保证三个虚拟变量的线性无关性，同时逻辑上也是完备的。

(3)针对文化程度，设置虚拟变量为：

$$D_1=\begin{cases}1 & \text{小学及以下}\\0 & \text{其他}\end{cases},\quad D_2=\begin{cases}1 & \text{中学}\\0 & \text{其他}\end{cases},\quad D_3=\begin{cases}1 & \text{大学}\\0 & \text{其他}\end{cases}$$

概括上面的讨论，得到虚拟变量的设置原则如下。

(1)虚拟变量的数量：m 个品质属性，设置 $m-1$ 个虚拟变量。

(2)虚拟变量的取值：0，1(一般地，0 表示基础或比较标准)。

三、虚拟变量的使用

假定针对某个问题，可建立的基本模型为：

$$Y_t=\beta_0+\beta_1X_t+\varepsilon_t$$

向模型中引入虚拟变量 D_t，有以下三种方式。

(1)加法方式。通过虚拟变量对截距项进行调节，表示在不同的条件下，Y_t 有不同的平均水平：

$$Y_t=\beta_0+\beta_1X_t+\beta_2D_t+\varepsilon_t$$

(2)乘法方式。通过虚拟变量对 X_t 的系数进行调节，表示在不同的条件下，Y_t 有着不同的边际水平：

$$Y_t=\beta_0+\beta_1X_t+\beta_2DX_t+\varepsilon_t$$

其中 $DX_t=D_t\cdot X_t$。

(3)混合方式。通过虚拟变量对截距项、X_t 的系数同时进行调节，表示在不同的条件下，Y_t 有不同的平均水平、边际水平：

$$Y_t=\beta_0+\beta_1X_t+\beta_2D_t+\beta_3DX_t+\varepsilon_t$$

四、虚拟变量模型建立

【例 3.8】在消费模型中，研究战争时期与和平时期的收入对消费的影响。

根据消费理论，可建立基本的消费模型为：

$$C_t=\beta_0+\beta_1I_t+\varepsilon_t$$

引入虚拟变量：$D_t=\begin{cases}1, & \text{战争时期}\\0, & \text{和平时期}\end{cases}$。

第一种观点，边际消费倾向应保持不变，只是相对消费水平的增减。可建立模型：

$$C_t=\beta_0+\beta_1I_t+\beta_2D_t+\varepsilon_t$$

第二种观点，边际消费倾向发生了变化，相对消费水平保持不变。可建立模型：

$$C_t = \beta_0 + \beta_1 I_t + \beta_2 DI_t + \varepsilon_t$$

第三种观点，边际消费倾向、相对消费水平都发生了改变。可建立模型：

$$C_t = \beta_0 + \beta_1 I_t + \beta_2 D_t + \beta_3 DI_t + \varepsilon_t$$

虚拟变量模型的估计、检验方法与普通单方程模型相同。

习题三

1. 滞后模型中的即期乘数、延迟乘数、长期乘数的含义是什么?

2. 利用例 3.5 中的数据，试探滞后模型是否具有权重形式:

(1)滞后 3 期模型，对倒 V 权重、递减权重另取两组不同的值进行试探;

(2)滞后 4 期模型，对倒 V 权重、递减权重另取两组不同的值进行试探。

模型回归结果的比对，可从统计检验、拟合优度、回归估计标准误差、信息准则等方面进行评价。

3. 为下列模型中的品质数据建立虚拟变量:

(1)研究居民家庭收入对家庭教育费用支出的影响，考虑家庭是否有“适龄子女”因素;

(2)研究啤酒价格对啤酒销售的影响，考虑“季节”因素;

(3)从生产要素角度研究企业的产出，考虑“控股”情况。

4. 研究我国居民消费支出受到收入影响的模型形式。现实生活中，居民的消费支出，不仅受到当前收入的影响，还受到前期(滞后期)收入，以及未来预期收入的影响。本问题中，仅讨论前两种影响因素。

表 3.3 中，I_t、C_t分别为 1991—2022 年我国城镇居民人均可支配收入、消费水平。

表 3.3 1991—2022 年我国城镇居民人均可支配收入和消费水平

(单位：元)

年份	I_t	C_t	年份	I_t	C_t
1991	1 701	1 619	2007	13 603	12 217
1992	2 027	2 009	2008	15 549	13 722
1993	2 577	2 661	2009	16 901	14 687
1994	3 496	3 644	2010	18 779	16 570
1995	4 283	4 767	2011	21 427	19 218
1996	4 839	5 378	2012	24 127	20 869
1997	5 160	5 635	2013	26 467	22 620
1998	5 418	5 896	2014	28 844	24 430
1999	5 839	6 335	2015	31 195	26 119
2000	6 256	6 972	2016	33 616	28 154
2001	6 824	7 272	2017	36 396	30 323

续表

年份	I_t	C_t	年份	I_t	C_t
2002	7 652	7 662	2018	39 251	32 483
2003	8 406	7 977	2019	42 359	34 900
2004	9 335	8 718	2020	43 834	34 043
2005	10 382	9 637	2021	47 412	37 995
2006	11 620	10 516	2022	49 283	38 289

数据来源：《中国统计年鉴》。

(1)对以下三个模型进行回归：

$$C_t = \alpha + \beta_0 I_t + \varepsilon_t$$

$$C_t = \alpha + \beta_0 I_t + \beta_1 I_{t-1} + \varepsilon_t$$

$$C_t = \alpha + \beta_0 I_t + \beta_1 I_{t-1} + \beta_2 I_{t-2} + \varepsilon_t$$

(2)从统计检验、拟合优度、回归估计标准误差、信息准则等方面，对上面三个模型的结果进行评价，确定一个较优结果。

5. 说明利用 EViews 工具，对以下模型进行线性化处理的方法：

(1) $C_t = \alpha + \beta_0 I_t + \beta_1 I_t^2 + \varepsilon_t$；

(2) $\dfrac{1}{Y} = \beta_0 + \beta_1 \dfrac{1}{\ln X_1} + \beta_2 \sqrt{X_2} + \varepsilon_t$；

(3) $M_t = \alpha X_{1t}^{\beta_1} X_{2t}^{\beta_2} e^{\varepsilon_t}$；

(4) $Y = \dfrac{1}{1 + \alpha e^{\beta_0 + \beta_1 t + \beta_2 t^2 + \varepsilon}}$。

6. 表 3.4 所示为 2001 年我国部分省、自治区、直辖市的经济数据。

表 3.4　2001 年我国部分省、自治区、直辖市的经济数据

名称	地区 GDP/亿元	劳动力人口 L/万人	资本总额 K/亿元
福建	4 263.68	1 660.2	1 112.20
宁夏	298.38	274.4	167.62
天津	1 840.10	406.7	610.94
北京	2 846.66	622.1	1 280.46
山西	1 779.97	1 419.1	648.16
内蒙古	1 646.97	1 016.6	423.64
广东	10 467.71	3 861.0	3 146.13
上海	4 960.84	673.1	1 869.38

续表

名称	地区 GDP/亿元	劳动力人口 L/万人	资本总额 K/亿元
新疆	1 486.48	672.6	610.39
重庆	2 014.59	1 616.1	650.74
江苏	9 397.92	3 519.1	3 302.96
吉林	2 030.48	1 078.9	603.61
安徽	3 290.13	3 372.9	803.97
辽宁	6 033.08	1 812.6	1 267.68
西藏	138.73	123.4	64.06
湖北	4 662.28	2 607.8	1 339.20
黑龙江	3 661.00	1 636.0	832.64
四川	4 421.76	4 436.8	1 418.04
贵州	1 084.90	2 046.9	396.98
湖南	3 983.00	3 462.1	1 012.24
浙江	6 748.16	2 700.6	2 349.96
广西	2 231.19	2 630.4	683.34
云南	2 074.71	2 296.4	683.96
青海	300.96	238.6	161.14
甘肃	1 072.61	1 182.1	396.40
陕西	1 844.27	1 812.8	663.67
江西	2 176.68	1 936.3	616.08
河南	6 640.11	6 671.7	1 377.74
海南	646.96	333.7	198.87

为此建立 C-D 生产函数模型：$\text{GDP} = AL^{\alpha}K^{\beta}\mathrm{e}^{\varepsilon}$。

(1)完成此模型的估计和统计检验。

(2)解释 $\widehat{\alpha}$、$\widehat{\beta}$ 的经济意义，据此说明 21 世纪初期，投资与人口对 GDP 的拉动程度，孰轻孰重？

(3)根据 $\alpha+\beta$ 的经济意义，说明 21 世纪初期，我国 GDP 产出函数属于哪种报酬模型？当年宜采取何种策略以发展国民经济？

第四章 扩展的经典单方程问题

前面所讨论的模型，都假定它们满足经典模型的统计假设 1) ~6)(见第二章的第二节)。在此前提条件下，可用 OLS 对其进行回归分析，获得参数的最小无偏线性估计量。但现实的经济问题不可能如此理想化，各经济变量之间存在着内在的、不可割裂的、复杂多样的相互关联。

不满足经典统计假设的主要情形包括：解释变量之间的共线性，随机解释变量，随机误差项的自相关、异方差等。此外，随机误差项的非正态性，模型的设定偏误也会导致对统计假设的破坏。

检验并处理模型中所体现的经济系统内部的结构性、关联性、因果性、稳定性等方面的问题，就是计量检验与计量处理，这是计量方法与其他数量分析方法的根本区别。

用计量方法检验并处理模型中存在违背经典统计假设的问题后，往往还要进行再检验加以确定，从而保证处理后结果的正确性和可靠性。

本章主要讨论自相关问题、异方差问题和共线性问题。

第一节 自相关问题

一、自相关问题概述

1. 自相关的含义

当经典回归模型的基本假设之一：$\mathrm{Cov}(\varepsilon_s, \varepsilon_t)=0(s\neq t)$不成立，即存在某些 $\mathrm{Cov}(\varepsilon_s, \varepsilon_t)\neq 0(s\neq t)$，称模型存在自相关(autocorrelation)，也称序列相关(serial correlation)。

随机误差项 ε_t 之间存在相关关系，主要出现在时间序列数据的模型中。

自相关的具体表现形式如下。

(1)1 阶自相关：

$$\varepsilon_t = \rho\varepsilon_{t-1} + \mu_t \tag{4.1}$$

(2)2 阶自相关：

$$\varepsilon_t = \rho_1\varepsilon_{t-1} + \rho_2\varepsilon_{t-2} + \mu_t$$

(3)p 阶自相关：

$$\varepsilon_t = \rho_1\varepsilon_{t-1} + \rho_2\varepsilon_{t-2} + \cdots + \rho_p\varepsilon_{t-p} + \mu_t \tag{4.2}$$

其中 μ_t 序列为 0 期望、不相关、等方差的正态随机变量序列。

2. 引起自相关的原因

1)经济惯性、经济周期性

经济景气与衰退、经济的周期性振荡等经济自身的发展变化，往往持续多个时期，必然导致连续多个统计周期内的 ε_t 相关。例如，金融债券市场的周期性振荡就是一种典型的经济周期性。

2)随机因素

自然灾害、公共事件、宏观政策、政变、战争、罢工等对经济的影响，也持续多个时期，必然导致连续多个统计周期内的 ε_t 相关。

以上是导致自相关现象的经济系统内在的基本原因。此外，模型的误设定，包括函数形式的不当选择、解释变量的遗漏等，其不良后果皆由随机误差项 ε_t 承载，很可能导致 ε_t 存在自相关、异方差现象，这属于处理上的技术性原因。

二、自相关导致的不良后果

1. OLS 估计量不再具有有效性

当 $\mathrm{Cov}(\varepsilon_i,\ \varepsilon_j) \neq 0(i\neq j)$，即模型存在自相关时，式(2.32)不再成立，而是：

$$\text{Var-Cov}(\boldsymbol{N}) = \begin{pmatrix} \sigma^2 & r_{01} & \cdots & r_{0k} \\ r_{10} & \sigma^2 & \cdots & r_{1k} \\ \vdots & \vdots & & \vdots \\ r_{k0} & r_{k1} & \cdots & \sigma^2 \end{pmatrix} = \boldsymbol{\Omega}\sigma^2$$

OLS 估计结果为：

$$\widehat{\boldsymbol{B}} = (\boldsymbol{X}^{\mathrm{T}}\boldsymbol{X})^{-1}\boldsymbol{X}^{\mathrm{T}}\boldsymbol{\Omega}\boldsymbol{X}(\boldsymbol{X}^{\mathrm{T}}\boldsymbol{X})^{-1}\boldsymbol{X}^{\mathrm{T}}\boldsymbol{Y}$$

容易看出，OLS 估计量的线性性和无偏性依旧成立，但自相关将导致 OLS 估计量的方差不再最小，即有效性失效。

下面以一元经典线性模型：$Y_t = \beta_0 + \beta_1 X_t + \varepsilon_t$ 为例，予以说明。

一方面，符合统计假设时，按式(2.33)的形式有($x_t = X_t - \overline{X}$，$y_t = Y_t - \overline{Y}$)：

$$(\boldsymbol{X}^{\mathrm{T}}\boldsymbol{X})^{-1} = \begin{pmatrix} \dfrac{\sum X_t^2}{n\sum x_t^2} & \dfrac{-\overline{X}}{\sum x_t^2} \\ \dfrac{-\overline{X}}{\sum x_t^2} & \dfrac{1}{\sum x_t^2} \end{pmatrix} \tag{4.3}$$

由式(2.33)知，回归参数$\hat{\beta}_1$的方差为：

$$D(\hat{\beta}_1)=\frac{1}{\sum x_t^2}\sigma^2$$

另一方面，由：

$$\hat{\beta}_1=\beta_1+\frac{\sum x_t\varepsilon_t}{\sum x_t^2}$$

当模型存在式(4.1)形式的1阶自相关时，可计算得$\hat{\beta}_1$的真实方差为：

$$D(\hat{\beta}_1^*)=E(\hat{\beta}_1-\beta_1)^2=E\left(\frac{\sum x_t\varepsilon_t}{\sum x_t^2}\right)^2=\frac{\sigma^2}{\sum x_t^2}\left(1+\frac{2}{\sum x_t^2}\sum_{i=1}^{n-1}\rho^i\sum_{t=1}^{n-i}x_t x_{t+i}\right)$$

实际经济问题中，X_t、ε_t大多正自相关，通常有：

$$\rho^i\sum_{t=1}^{n-i}x_t x_{t+i}>0$$

所以$D(\hat{\beta}_1)\leqslant D(\hat{\beta}_1^*)$一般成立。因此，当模型存在自相关时，回归参数的方差已不再具有有效性(方差最小性)，同时将引发以下不良后果。

2. 降低t检验的可靠性

由式(2.40)知，$\hat{\beta}_1$检验的t统计量为：

$$t=\frac{\hat{\beta}_1}{\sqrt{C_{11}}\,\hat{\sigma}}$$

检验中用到$\sqrt{C_{11}}\,\hat{\sigma}=\sqrt{D(\hat{\beta}_1)}$参与了$t$统计量的构建，而$D(\hat{\beta}_1)$通常小于其真实的$D(\hat{\beta}_1^*)$，导致$t$统计量被绝对放大，使得被拒绝的可能性降低，从而降低了t检验的可靠性。

3. 降低模型的区间预测的可靠性

由式(2.44)知，预测值置信区间检验的t统计量为：

$$t=\frac{\hat{Y}_f-Y_f}{\hat{\sigma}\sqrt{1+\boldsymbol{X}_f(\boldsymbol{X}^{\mathrm{T}}\boldsymbol{X})^{-1}\boldsymbol{X}_f^{\mathrm{T}}}}$$

检验中用到$\hat{\sigma}=\sqrt{D(\hat{\beta}_1)/C_{11}}$参与了置信区间的构建，通常有$D(\hat{\beta}_1)<D(\hat{\beta}_1^*)$，$\hat{\sigma}$的引用将使得置信区间被过度放大，从而使置信区间失真。

三、自相关的检验

数学背景知识

对于模型：

$$Y=\beta_0+\beta_1X_1+\beta_2X_2+\cdots+\beta_kX_k+\varepsilon$$

估计后，残差为：

$$e_i = Y_i - \widehat{Y}_i = (\beta_0 - \widehat{\beta}_0) + (\beta_1 - \widehat{\beta}_1)X_{1i} + \cdots + (\beta_k - \widehat{\beta}_k)X_{ki} + \varepsilon_i$$

大样本时，$\widehat{\beta}_i$ 为 β_i 的一致估计量，且依概率收敛，即：

$$P\lim_{k\to\infty}\widehat{\beta}_i = \beta_i (i = 0,\ 1,\ \cdots,\ k)$$

从而 $k\to\infty$ 时，有：$\varepsilon_i = e_i$。

换言之，k 足够大时，有：$\varepsilon_i \approx e_i$。

由于 ε_i 无法测量，因此一般通过残差 e_i 的性态去判断 ε_i 的性态。

1. 残差图分析

在 EViews 处理中，如果残差图呈典型的周期性规律，或者残差与其滞后期的散点图呈一致性的变化方向，可初步判断模型存在自相关，如图 4.1 所示。但是，存在自相关的模型，其残差的图像特征并非都如此鲜明，这就需要用其他量化方法来进一步检验。

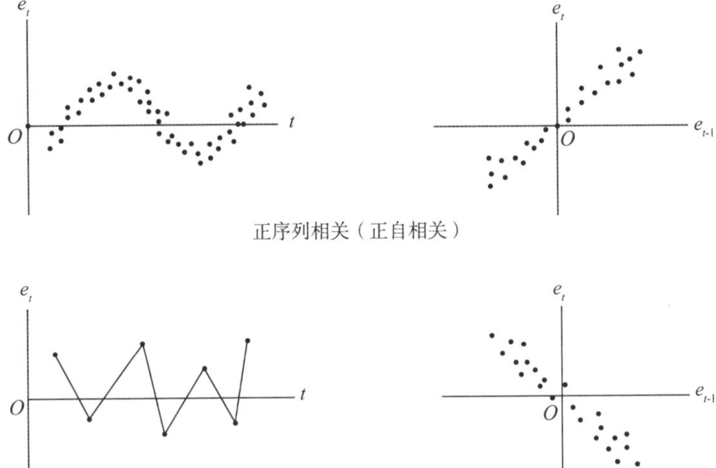

图 4.1　残差序列自相关典型图像特征

2. DW 检验

DW 检验（Durbin－Watson test，杜宾－沃森检验）是杜宾（Durbin）和沃森（Watson）于 1950 年提出的 1 阶自相关检验方法，其中假定：

(1) 随机误差项 ε_t 存在 1 阶自相关，如式(4.1)所示；

(2) 模型中包括截距项，且解释变量 X_t 为确定性变量；

(3) 被解释变量的滞后项不充当解释变量；

(4) 样本容量足够大。

DW 统计量定义为：

$$\mathrm{DW}=\frac{\sum_{t=2}^{n}(e_t-e_{t-1})^2}{\sum_{t=1}^{n}e_t^2}$$

当样本容量足够大时：

$$\sum_{t=1}^{n}e_t^2\approx\sum_{t=2}^{n}e_t^2\approx\sum_{t=2}^{n}e_{t-1}^2$$

从而：

$$\begin{aligned}\mathrm{DW}&=\frac{\sum_{t=2}^{n}e_t^2-2\sum_{t=2}^{n}e_te_{t-1}+\sum_{t=2}^{n}e_{t-1}^2}{\sum_{t=1}^{n}e_t^2}\\&\approx2\left(1-\frac{\sum_{t=2}^{n}e_te_{t-1}}{\sum_{t=1}^{n}e_t^2}\right)\\&=2(1-\hat{\rho})\end{aligned}\tag{4.4}$$

其中 $\hat{\rho}=\frac{\sum_{t=2}^{n}e_te_{t-1}}{\sum_{t=1}^{n}e_t^2}$ 是 1 阶自相关系数 ρ 的一个估计量。

由于 $\rho\in[-1,1]$，所以 $\mathrm{DW}\in[0,4]$。可以看出：

$\rho=0$ 时(对应 DW=2)，无自相关；

$\rho=1$ 时(对应 DW=0)，完全正自相关；

$\rho=-1$ 时(对应 DW=4)，完全负自相关。

所以，若 DW 统计量在靠近 0 的区域，ε_t 存在正自相关；在靠近 2 的区域，无自相关；在靠近 4 的区域，存在负自相关。

在 DW 检验表中，可查得两个界点 d_L、d_U，从而对区间[0，4]进行划分(见图 4.2)，以判断模型是否存在 1 阶自相关。

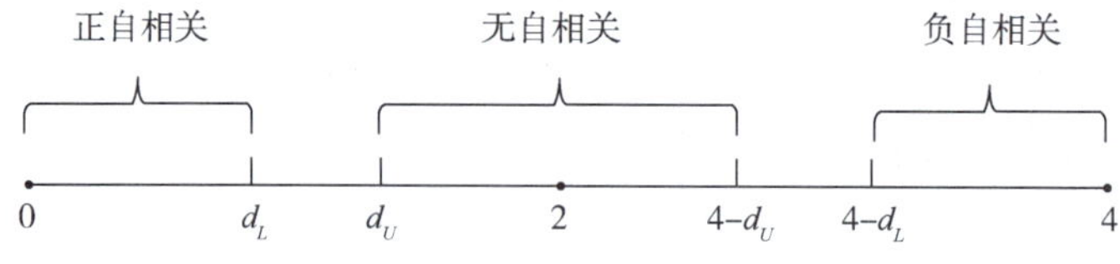

图 4.2　DW 检验区域划分

【例 4.1】在例 3.6 中，依据 1980—2019 年我国 GDP 与进口额数据，估计模型为：$I=\beta_0+\beta_1\mathrm{GDP}+\varepsilon$，统计量 DW=0.233 751，试判断模型是否存在 1 阶自相关。

样本容量 $n=40$，解释变量数 $k=1$。

按默认置信水平 $\alpha=5\%$，查 DW 检验表，得 $d_L=1.442$，$d_U=1.544$。

因为 DW $\in(0, d_L)$，所以模型存在 1 阶正自相关。

需要说明的是：

(1) DW 检验不能检验模型是否存在高阶自相关；

(2) DW 检验对 1 阶自相关的检验并不完备，如图 4.2 所示，在区域 (d_L, d_U) 或 $(4-d_U, 4-d_L)$，DW 检验失效。

针对以上问题，杜宾和沃森后来提出了改进方法，由于使用不便，该方法未得到广泛应用。

3. 偏自相关系数检验

依据 $\varepsilon_i \approx e_i$ 原理，对 p 阶自相关检验更改为检验：

$$e_t = \rho_1 e_{t-1} + \rho_2 e_{t-2} + \cdots + \rho_p e_{t-p} + \mu_t$$

残差序列 e_t，e_{t-1}，⋯，e_{t-p} 的偏自相关系数（partial autocorrelation coefficient，PAC）反映了时间 t 处 e_t 和时间 $t-k$ 处 e_{t-k} 单独的相关关系，可直观、便捷地显示序列的自相关关系，从而推测随机误差项序列 ε_t，ε_{t-1}，ε_{t-2}，⋯ 的自相关。

【例 4.2】在例 3.6 中，依据 1980—2019 年我国 GDP 与进口额数据建立线性模型。现对残差序列 e_t 进行 PAC 与 Q 检验，结果如图 4.3 所示。

Autocorrelation	Partial Correlation		AC	PAC	Q-Stat	Prob
		1	0.823	0.823	29.191	0.000
		2	0.615	-0.196	45.887	0.000
		3	0.396	-0.155	52.996	0.000
		4	0.180	-0.142	54.516	0.000
		5	0.010	-0.035	54.520	0.000
		6	-0.037	0.229	54.587	0.000
		7	-0.078	-0.137	54.899	0.000
		8	-0.132	-0.174	55.821	0.000
		9	-0.171	-0.054	57.410	0.000
		10	-0.229	-0.110	60.351	0.000
		11	-0.298	-0.040	65.505	0.000
		12	-0.296	0.101	70.763	0.000
		13	-0.237	0.061	74.247	0.000
		14	-0.151	0.038	75.719	0.000
		15	-0.047	-0.010	75.866	0.000
		16	0.043	-0.037	75.997	0.000
		17	0.100	0.061	76.726	0.000
		18	0.102	-0.070	77.519	0.000
		19	0.040	-0.197	77.645	0.000
		20	-0.054	-0.119	77.893	0.000

图 4.3 残差序列 e_t 的 PAC 和 Q 检验

Partial Correlation 部分为 e_t 序列 PAC 对应的方块图，虚线表示置信区间的上、下限。若第 s 期偏相关系数的方块图越过虚线，则存在 s 阶自相关。

在图 4.3 中，可从 Partial Correlation 方块图中直观地看到，1 期(首行)的方块越线，表明模型存在 1 阶自相关。

4. LM 检验

LM 检验(Lagrange Multiplier test，拉格朗日乘数检验)由布劳殊和戈弗雷于 1978 年提出，是 e_t 对全部解释变量 X_1，X_2，…，X_k 以及残差滞后项 e_{t-1}，e_{t-2}，…，e_{t-p} 辅助回归后所进行的一种检验，它属于一种特殊的 BG 检验(Breusch-Godfrey test，布劳殊-戈弗雷检验)。

由回归结果所得的统计量 $LM = (n-p)R^2$，服从 $\chi^2(p)$ 分布。如果 LM 超过临界值，则拒绝"无自相关"的零假设。

【例 4.3】在例 3.6 中，依据 1980—2019 年我国 GDP 与进口额数据，建立线性模型。现对残差序列 e_t 进行 LM 检验，结果如图 4.4 所示。

Breusch-Godfrey Serial Correlation LM Test:

F-statistic	71.46653	Prob. F(2,36)	0.0000
Obs*R-squared	31.95230	Prob. Chi-Square(2)	0.0000

Test Equation:
Dependent Variable: RESID
Method: Least Squares
Date: 03/15/24 Time: 10:00
Sample: 1980 2019
Included observations: 40
Presample missing value lagged residuals set to zero.

Variable	Coefficient	Std. Error	t-Statistic	Prob.
C	693.7969	1273.720	0.544701	0.5893
GDP	-0.004735	0.003588	-1.319685	0.1953
RESID(-1)	1.137261	0.163232	6.967163	0.0000
RESID(-2)	-0.240694	0.170702	-1.410020	0.1671

R-squared	0.798807	Mean dependent var	-5.00E-12
Adjusted R-squared	0.782041	S.D. dependent var	13155.56
S.E. of regression	6141.810	Akaike info criterion	20.37827
Sum squared resid	1.36E+09	Schwarz criterion	20.54715
Log likelihood	-403.5653	Hannan-Quinn criter.	20.43933
F-statistic	47.64435	Durbin-Watson stat	1.862599
Prob(F-statistic)	0.000000		

图 4.4　残差序列 e_t 的 LM 检验结果

在图 4.4 中，EViews 给出了统计量 LM = 31.952 30，概率 $P=0.000\ 0<\alpha=5\%$，说明存在自相关。

自相关的具体形式，可由图中 RESID(-1)、RESID(-2)的显著性判断，两者分别对应残差项 e_{t-1}、e_{t-2}。从对应 t 检验的 P 值中看出，RESID(-1)显著，而 RESID(-2)不显著，因此判断模型存在 1 阶自相关。

需要说明的是，使用各种检验方法时，由于统计量的计算、所服从的概率分布等不同，少数时候的结论可能不一致，这需要通过多种方法进行比对确定。此外，同一个模型，样本容量发生变化，也可能导致检验结论的不同。

四、自相关的处理

对于模型中的自相关问题，可使用以下方法进行基本的处理。

(1)模型变换、变量变换。利用对数函数对经济数据实现压缩，如将线性模型改为双对数模型，从而弱化自相关；将变量由原来的总量指标、绝对指标，改为增量指标、相对指标等，如将 GDP 序列，改为 GDP 增量、GDP 增长率，也可弱化自相关。

此方法对后两节讨论的异方差、共线性问题，有时也有弱减的效果，但并不永远有效。

(2)广义最小二乘法。在此仅简述其基本思想。

设经典回归模型：$\boldsymbol{Y}=\boldsymbol{XB}+\boldsymbol{N}$ 满足除同方差、独立性以外的其他统计假设，对应有 $\text{Var-Cov}(\boldsymbol{N})=\boldsymbol{\Omega}\sigma^2$，回归参数 $\hat{\boldsymbol{B}}=(\boldsymbol{X}^{\mathrm{T}}\boldsymbol{X})^{-1}\boldsymbol{X}^{\mathrm{T}}\boldsymbol{\Omega}\boldsymbol{X}(\boldsymbol{X}^{\mathrm{T}}\boldsymbol{X})^{-1}\boldsymbol{X}^{\mathrm{T}}\boldsymbol{Y}$。由 $\boldsymbol{\Omega}$ 的正则性可知，存在可逆矩阵 $\boldsymbol{P}$，使得 $\boldsymbol{\Omega}=\boldsymbol{PP}^{\mathrm{T}}$，有：$\boldsymbol{P}^{-1}\boldsymbol{Y}=\boldsymbol{P}^{-1}\boldsymbol{XB}+\boldsymbol{P}^{-1}\boldsymbol{N}$，则新的随机误差项 $\boldsymbol{N}^*=\boldsymbol{P}^{-1}\boldsymbol{N}$，消除了异方差、自相关，因为 $\text{Var-Cov}(\boldsymbol{N}^*)=\text{Var-Cov}(\boldsymbol{P}^{-1}\boldsymbol{N})=\boldsymbol{I}\sigma^2$。

回归参数 $\hat{\boldsymbol{B}}=[\boldsymbol{X}^{\mathrm{T}}(\boldsymbol{P}^{-1})^{\mathrm{T}}\boldsymbol{P}^{-1}\boldsymbol{X}]^{-1}\boldsymbol{P}^{-1}\boldsymbol{Y}$，该统计量统计性质良好，是 BLUE。

实际工作中，通常并不直接计算 $\boldsymbol{P}$，而是寻求 $\boldsymbol{\Omega}$ 的一个估计结果 $\hat{\boldsymbol{\Omega}}$，再求 $\hat{\boldsymbol{B}}$，称为可行广义最小二乘法(feasible generalized least squares，FGLS)。

(3)广义差分法(generalized difference method，GDM)。详见下面的讨论。

五、广义差分法

1. 基本思想

处理自相关问题的基本方法是广义差分法，它通过对模型进行广义差分变换来消除自相关。下面以存在 2 阶自相关的二元模型为例，说明其基本思想。在此，假定模型满足除随机误差项独立以外的其他统计假设。

设模型为：

$$Y_t=\beta_0+\beta_1X_{1t}+\beta_2X_{2t}+\varepsilon_t \tag{4.5}$$

存在 2 阶自相关：

$$\varepsilon_t = \rho_1 \varepsilon_{t-1} + \rho_2 \varepsilon_{t-2} + \mu_t \tag{4.6}$$

首先，取模型的滞后两期：

$$Y_{t-1} = \beta_0 + \beta_1 X_{1,\ t-1} + \beta_2 X_{2,\ t-1} + \varepsilon_{t-1}$$

$$Y_{t-2} = \beta_0 + \beta_1 X_{1,\ t-2} + \beta_2 X_{2,\ t-2} + \varepsilon_{t-2}$$

然后，将上面两个模型分别乘 ρ_1、ρ_2，与式(4.5)相减，稍加整理得：

$$\begin{aligned} Y_t - \rho_1 Y_{t-1} - \rho_2 Y_{t-2} = (1 - \rho_1 - \rho_2)\beta_0 + \\ \beta_1(X_{1t} - \rho_1 X_{1,\ t-1} - \rho_2 X_{1,\ t-2}) + \\ \beta_2(X_{2t} - \rho_1 X_{2,\ t-1} - \rho_2 X_{2,\ t-2}) + \mu_t \end{aligned} \tag{4.7}$$

式(4.7)称为广义差分模型。对其再作变量代换，有：

$$Z_t = \alpha_0 + \alpha_1 W_{1t} + \alpha_2 W_{2t} + \mu_t$$

最后，新模型中的随机误差项 μ_t 无自相关，可直接用 OLS 估计。

2. 自相关系数的计算

对模型进行广义差分变换消除自相关时，需已知自相关系数 ρ_1、ρ_2。依据残差序列 e_t 计算估计 ρ_1、ρ_2 的常见方法有以下三种。

1)近似计算方法

对于 1 阶自相关，为大样本时，可根据 DW 统计量和式(4.4)近似计算：

$$\hat{\rho} = 1 - \frac{\mathrm{DW}}{2}$$

为小样本时，泰尔建议使用近似公式：

$$\hat{\rho} = \frac{n^2(1 - \mathrm{DW}/2) + (k+1)^2}{n^2 - (k+1)^2}$$

其中，n 为样本容量，k 为解释变量个数。

2)科克伦-奥克特(Cochrane-Orcutt)迭代估计法

其基本思想如下。

(1)估计原模型，得到初始残差序列 e_t。例如，估计式(4.5)，得到其残差序列 e_t。

(2)用残差序列对自相关模型回归，得到相关系数。例如，用 e_t、e_{t-1}、e_{t-2} 对式(4.6)回归，得到相关系数 $\hat{\rho}_1$、$\hat{\rho}_2$。

(3)估计差分模型，得到回归参数。例如，估计式(4.7)，得到参数 $\hat{\beta}_0$、$\hat{\beta}_1$、$\hat{\beta}_2$。

(4)根据回归结果：$\hat{Y}_t = \hat{\beta}_0 + \hat{\beta}_1 X_{1t} + \hat{\beta}_2 X_{2t}$ 及 Y_t，计算得到新的残差序列 e_t；返回第二步，再次求得新的相关系数 $\hat{\rho}_1^*$、$\hat{\rho}_2^*$，直到两次相关系数的差异达到指定误差精度为止。

3)杜宾估计法

其基本思想是直接估计广义差分模型，如式(4.7)的变形：

$$Y_t = \alpha + \rho_1 Y_{t-1} + \rho_2 Y_{t-2} +$$
$$\gamma_1 X_{1t} + \gamma_2 X_{1,\ t-1} + \gamma_3 X_{1,\ t-2} +$$
$$\delta_1 X_{2t} + \delta_2 X_{2,\ t-1} + \delta_3 X_{2,\ t-2} + \mu_t$$

其中，滞后项 Y_{t-1}、Y_{t-2} 的回归系数即为 $\widehat{\rho_1}$、$\widehat{\rho_2}$。

3. EViews 中自相关的处理

在 EViews 中，对广义差分模型，如式(4.7)，进行变形：

$$Y_t = \beta_0 + \beta_1 X_{1t} + \beta_2 X_{2t} + \rho_1 (Y_{t-1} - \beta_0 - \beta_1 X_{1,\ t-1} - \beta_2 X_{2,\ t-1}) + \rho_2 (Y_{t-2} - \beta_0 - \beta_1 X_{1,\ t-2} - \beta_2 X_{2,\ t-2}) + \mu_t \qquad (4.8)$$

也就是下述处理形式：

$$Y_t = \beta_0 + \beta_1 X_{1t} + \beta_2 X_{2t} + \rho_1 \varepsilon_{t-1} + \rho_2 \varepsilon_{t-2} + \mu_t$$

其中，ε_{t-1} 以 AR(1) 对应，ε_{t-2} 以 AR(2) 对应，表示随机误差项的 1、2 阶自回归。在回归过程中自动完成 ρ_1、ρ_2 的迭代，并给出迭代总次数。

下例说明了模型自相关问题的检验、处理、再检验处理的全过程。

【例 4.4】研究 1998—2023 年我国居民人均食品烟酒支出与人均可支配收入之间的关系。PC 表示人均食品烟酒支出(元)，PI 表示人均可支配收入(元)，数据如表 4.1 所示。

表 4.1　1998—2023 年我国居民人均食品烟酒支出与人均可支配收入

(单位：元)

年份	PC	PI	年份	PC	PI
1998	1 208	3 254	2011	3 633	14 551
1999	1 210	3 485	2012	3 983	16 510
2000	1 231	3 721	2013	4 127	18 311
2001	1 270	4 070	2014	4 494	20 167
2002	1 391	4 532	2015	4 814	21 966
2003	1 483	5 007	2016	5 151	23 821
2004	1 704	5 661	2017	5 374	25 974
2005	1 877	6 385	2018	5 631	28 228
2006	2 002	7 229	2019	6 084	30 733
2007	2 346	8 584	2020	6 397	32 189
2008	2 741	9 957	2021	7 178	35 128
2009	2 875	10 977	2022	7 481	36 883
2010	3 137	12 520	2023	7 983	39 218

数据来源：《中国统计年鉴》。

试建立模型，且计算 2023 年居民人均食品烟酒支出的预测值，以及预测的相对误差率。

(1)建立模型。根据绝对收入理论，建立线性模型：

$$PC_t = \beta_0 + \beta_1 PI_t + \varepsilon_t$$

(2)估计模型。用 EViews 估计模型后，方程的标准输出结果如图 4.5 所示。

Variable	Coefficient	Std. Error	t-Statistic	Prob.
C	692.7234	52.44024	13.20977	0.0000
PI	0.183643	0.002605	70.49106	0.0000

R-squared	0.995193	Mean dependent var	3723.269
Adjusted R-squared	0.994993	S.D. dependent var	2163.823
S.E. of regression	153.1128	Akaike info criterion	12.97403
Sum squared resid	562644.4	Schwarz criterion	13.07081
Log likelihood	-166.6624	Hannan-Quinn criter.	13.00190
F-statistic	4968.989	Durbin-Watson stat	0.392543
Prob(F-statistic)	0.000000		

图 4.5　标准输出结果

(3)回归结果分析。模型的回归参数 t 检验显著，模型整体 F 检验显著，PI 对 PC 具有良好的解释效果($R^2=0.995\ 193$)。人均收入 PI 的回归系数$\widehat{\beta}_1 = 0.183\ 643$，具有合理的经济意义。

但是，DW=0.392 543，在[0，4]区间内较为靠近 0，高度怀疑模型存在自相关。

(4)自相关的检验。

①DW 检验。根据 $n=26$，$k=1$，查 DW 检验表，$d_L=1.302$，$d_U=1.461$，DW $\in (0, d_L)$，说明模型存在 1 阶自相关。

PAC 检验结果如图 4.6 所示。

Autocorrelation	Partial Correlation		AC	PAC	Q-Stat	Prob
		1	0.791	0.791	18.211	0.000
		2	0.526	-0.266	26.593	0.000
		3	0.297	-0.055	29.382	0.000
		4	0.114	-0.069	29.815	0.000
		5	-0.084	-0.238	30.062	0.000
		6	-0.252	-0.096	32.368	0.000
		7	-0.356	-0.066	37.224	0.000
		8	-0.472	-0.294	46.218	0.000
		9	-0.500	0.059	56.933	0.000
		10	-0.472	-0.104	67.088	0.000
		11	-0.380	-0.008	74.079	0.000
		12	-0.269	0.002	77.834	0.000

图 4.6　PAC 检验结果

从 Partial Correlation 部分看出，首行方块越线，超越置信区间界限，其他行均在虚线内，说明只存在 1 阶自相关，无高阶自相关。

②LM 检验结果如图 4.7 所示。

Breusch-Godfrey Serial Correlation LM Test:

F-statistic	22.04522	Prob. F(2,22)	0.0000
Obs*R-squared	17.34519	Prob. Chi-Square(2)	0.0002

Test Equation:
Dependent Variable: RESID
Method: Least Squares
Date: 03/15/24   Time: 23:18
Sample: 1998 2023
Included observations: 26
Presample missing value lagged residuals set to zero.

Variable	Coefficient	Std. Error	t-Statistic	Prob.
C	-3.566411	31.60596	-0.112840	0.9112
PI	0.000358	0.001571	0.228131	0.8217
RESID(-1)	1.042674	0.206337	5.053267	0.0000
RESID(-2)	-0.299473	0.206351	-1.451276	0.1608

R-squared	0.667123	Mean dependent var	-6.67E-14
Adjusted R-squared	0.621730	S.D. dependent var	150.0193
S.E. of regression	92.26728	Akaike info criterion	12.02789
Sum squared resid	187291.5	Schwarz criterion	12.22145
Log likelihood	-152.3626	Hannan-Quinn criter.	12.08363
F-statistic	14.69681	Durbin-Watson stat	1.949434
Prob(F-statistic)	0.000018		

图 4.7　LM 检验结果

可以看出，LM = 17.345 19，P = 0.000 2，拒绝无自相关的假设。RESID(−1)的 t 检验显著，RESID(−2)的 t 检验不显著，可看出模型存在 1 阶自相关，无高阶自相关。

(5) 自相关的处理。

鉴于模型中存在 1 阶自相关，在 EViews 处理时增加自回归选项 AR(1)作为解释变量。例如，在命令窗口中输入：

```
LS  PC  c  PI  AR(1)
```

自相关线性模型输出结果如图 4.8 所示。

Variable	Coefficient	Std. Error	t-Statistic	Prob.
C	648.5362	243.5539	2.662804	0.0142
PI	0.186198	0.008129	22.90560	0.0000
AR(1)	0.787083	0.137702	5.715851	0.0000
SIGMASQ	7679.741	2242.163	3.425149	0.0024

R-squared	0.998294	Mean dependent var	3723.269
Adjusted R-squared	0.998062	S.D. dependent var	2163.823
S.E. of regression	95.26835	Akaike info criterion	12.12907
Sum squared resid	199673.3	Schwarz criterion	12.32263
Log likelihood	-153.6780	Hannan-Quinn criter.	12.18481
F-statistic	4291.641	Durbin-Watson stat	1.477860
Prob(F-statistic)	0.000000		

Inverted AR Roots	.79

图 4.8　自相关线性模型输出结果

可以看出，回归结果通过统计检验，回归参数都具有合理的经济意义。

对比图 4.5 和图 4.8，处理自相关后，R^2值有所提高(从 0.995 193 到 0.998 294)，模型解释效果进一步增强；$\hat{\sigma}$值降低明显(从 153.112 8 到 95.268 35)，模型的稳定性有所改进；AIC、SC、HQC 三个信息准则值同步减小，模型的结构更趋合理；DW 统计量更接近 2(从 0.392 543 到 1.477 860)，自相关明显减弱。

(6)处理结果的再次检验。

对处理后的结果再进行 PAC 检验，结果如图 4.9 所示。

Autocorrelation	Partial Correlation		AC	PAC	Q-Stat	Prob*
		1	0.250	0.250	1.8193	
		2	-0.022	-0.090	1.8342	0.176
		3	0.016	0.048	1.8423	0.398
		4	0.075	0.061	2.0294	0.566
		5	-0.083	-0.126	2.2691	0.686
		6	-0.208	-0.158	3.8406	0.573
		7	-0.081	0.002	4.0891	0.665
		8	-0.269	-0.306	7.0108	0.428
		9	-0.181	-0.032	8.4141	0.394
		10	-0.171	-0.162	9.7520	0.371
		11	-0.171	-0.184	11.167	0.345
		12	-0.034	0.021	11.227	0.424

图 4.9　处理结果的 PAC 再检验

由再检验的结果可知，处理后的模型中，已不存在自相关问题。

(7)最终模型形式与应用。

模型的最终形式为：

$$\widehat{PC}_t = 648.5362 + 0.186198 \cdot PI_t + 0.787083 \cdot AR(1)$$
$$t = (2.662804)(22.90560)(5.715851)$$
$$n = 26,\ R^2 = 0.998294,\ F = 4291.641,\ DW = 1.47786$$

下面计算 2023 年居民人均食品烟酒支出的预测值、预测相对误差。

按式(4.8)的对应关系，计算得：

$$AR(1)_{2022} = PC_{2022} - 648.5362 - 0.186198 \cdot PI_{2022} = -35.077$$

已知 $PI_{2023} = 39\,218$，所以根据模型，预测值为：

$$\begin{aligned}\widehat{PC}_{2023} &= 648.5362 + 0.186198 \cdot PI_{2023} + 0.787083 \cdot AR(1)_{2022}\\ &= 648.5362 + 0.186198 \cdot 39\,218 + 0.787083 \cdot (-35.077)\\ &= 7\,923.24\end{aligned}$$

实际值 $PC_{2023}=7\,983$，预测误差率为：

$$\text{预测误差率} = \frac{|\text{预测值} - \text{实际值}|}{\text{实际值}} = \frac{|7\,923.24 - 7\,983|}{7\,983} \approx 0.75\%$$

预测误差率原则上应小于 10%，越小说明模型的预测效果越好。

第二节　异方差问题

一、异方差问题概述

1. 异方差的含义

当经典回归模型的基本假设之一：$D(\varepsilon_i) = \sigma^2$ 不成立，即存在某些 $D(\varepsilon_i) \neq \sigma_i^2$ 时，称模型存在异方差。

考察某年度某地区居民家庭消费支出情况。对于低收入家庭，刚性消费以温饱为主，其他消费支出较少，消费支出的波动较小；对于中等收入家庭，除了基本的生活支出，通常有一定的储蓄以及其他计划性支出，呈现一定的消费支出波动；对于高收入家庭，除了基本生活支出，还有储蓄、理财、投资、旅游、健康、子女教育等更多选项，非计划性支出也显著性增多，家庭消费支出的波动最大。这种波动的差异，体现了随着家庭收入增多、家庭消费支出波动增大的一种趋势，即家庭消费支出的异方差。

异方差问题主要出现在截面数据的模型中。

2. 引起异方差的原因

(1)经济发展水平、规模、速度的不均衡。

受到经济政策、资源禀赋、文化制度、时空条件等诸多因素的影响，经济对象存在着多方面的重大差异。例如，研究某一时期某国企业的投资战略问题，小企业为生存而战甚少思考投资，一般企业的投资大多局限于区域内同行业的扩张，但大企业则有可能考虑全球布局、战略转型。

(2)随机因素。

自然灾害、突发事件、政策调整、政局变动、战争、罢工等对经济的影响，会引发某一时期、某一地域经济发展的异常波动。例如，5·12汶川地震后，为进行灾后重建，四川省当年的基础设施建设投入急剧增大。

以上是导致异方差现象的经济系统内在的基本原因。此外，模型的误设定，包括函数形式的不当选择、解释变量的遗漏等，其不良影响皆由随机误差项 ε_t 承载，则很可能导致 ε_t 存在异方差、自相关现象，这属于处理上的技术性原因。

二、异方差性导致的不良后果

1. OLS 估计量不再具有有效性

当 $D(\varepsilon_i) \neq \sigma_i^2$ 即模型存在异方差时，与自相关的情形类似，式(2.32)不再成立，OLS 估计结果形如 $\widehat{\boldsymbol{B}} = (\boldsymbol{X}^{\mathrm{T}}\boldsymbol{X})^{-1}\boldsymbol{X}^{\mathrm{T}}\boldsymbol{\Omega}\boldsymbol{X}(\boldsymbol{X}^{\mathrm{T}}\boldsymbol{X})^{-1}\boldsymbol{X}^{\mathrm{T}}\boldsymbol{Y}$。OLS 估计量的线性性和无偏性依旧成立，但异方差将导致 OLS 估计量的方差不再最小，即有效性失效。

下面以一元经典线性模型：$Y = \beta_0 + \beta_1 X + \varepsilon$ 为例予以说明。

一方面，由式(4.3)知，满足统计假设时，回归参数 $\widehat{\beta}_1$ 的方差为：

$$D(\widehat{\beta}_1) = \frac{1}{\sum x_i^2}\sigma^2$$

另一方面，存在异方差时(不妨假定 $\sigma_i^2 = \sigma^2 X_i^2$)，$\widehat{\beta}_1$ 的真实方差为：

$$D(\widehat{\beta}_1^*) = E(\widehat{\beta}_1 - \beta_1)^2 = E\left(\frac{\sum x_i \varepsilon_i}{\sum x_i^2}\right)^2 = \frac{\sum x_i^2 \sigma_i^2}{(\sum x_i^2)^2} = \frac{\sigma^2}{\sum x_i^2}\frac{\sum X_i^2 x_i^2}{\sum x_i^2}$$

其中，$x_i = X_i - \overline{X}$。

在一般经济问题中，大多有 $X_i^2 > 1$，所以通常 $D(\widehat{\beta}_1) < D(\widehat{\beta}_1^*)$。因此，模型存在异方差时，回归参数的方差通常不再具有有效性(方差最小性)。同时，将直接引发以下不良后果。

2. 降低 t 检验的可靠性

与第一节的自相关问题类似，异方差通常导致 t 统计量被绝对放大，使得被拒绝的可能性降低，从而降低了 t 检验的可靠性。

3. 降低模型的区间预测的可靠性

与第一节的自相关问题类似，异方差通常使得置信区间被过度放大，从而使置信区间失真。

三、异方差的检验

与自相关的检验原理类似，在大样本时有 $\varepsilon_i \approx e_i$ 。

由于 $\sigma_i^2 = D(\varepsilon_i) = E(\varepsilon_i^2)$ ，故以残差 e_i 作为随机误差项 ε_i 的替代，通过 e_i^2 的性态，判断并处理异方差 σ_i^2 。

在实际经济问题中，模型具有异方差时，残差项 e_i^2 总是表现为解释变量的某种函数形式：

$$e_i^2 = f(X_{1i},\ X_{2i},\ \cdots,\ X_{ki}) + \mu_i \tag{4.9}$$

或其等价形式：

$$|e_i| = f(X_{1i},\ X_{2i},\ \cdots,\ X_{ki}) + \mu_i \tag{4.10}$$

其中，μ_i 为 0 期望、不相关、等方差的正态随机变量序列。式(4.9)、式(4.10)为异方差的检验和处理指明了方向。

由于函数形式的多样性和复杂性，e_i^2（或 $|e_i|$ ）具体表现的函数形式具有不确定性。不同的检验有着不同的函数形式，完全可能一种检验不显著而另一种才显著，有时需要进行多种检验，反复试探。

1. 残差图分析

通过观察解释变量 X(或 X 的某种函数形式，如 X^2、$X^{-0.5}$ 等，下同)与 e_i^2（或 $|e_i|$ ，下同)的散点图，可初步了解模型是否具有异方差。

如果随着解释变量 X 变动，e_i^2 集中在一个水平的矩形区域内波动，可认为 e_i^2 与 X 无关，即式(4.9)或式(4.10)不显著，模型没有异方差。否则，e_i^2 有部分发散点，或呈集中发散趋势，可高度怀疑模型具有异方差。

图 4.10 所示为某模型残差 e_i^2 与 X 的散点图。可见随着 X 增大，e_i^2 也增大，模型很可能存在异方差。

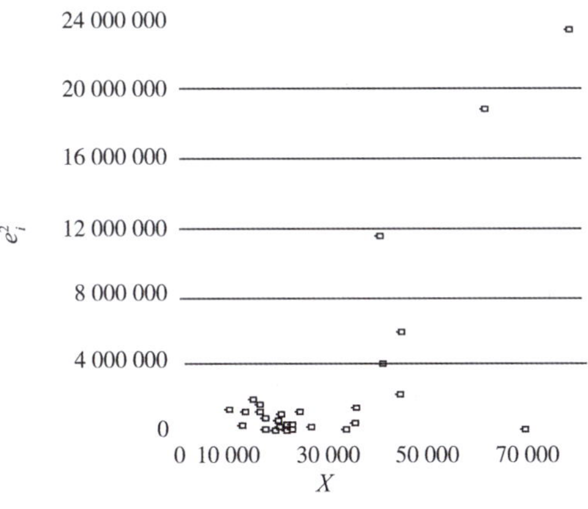

图 4.10　某模型残差 e_i^2 与 X 的关系检验

图示法仅是一种粗略的直观感觉，要确定具有异方差及其具体的表现形式，需要使用下面介绍的定量方法。

2. White(怀特)检验

White 检验的原理是根据式(4.9)的原理，假定 e_i^2 是解释变量的二次多项式函数。

例如，对模型 $Y=\beta_0+\beta_1X_1+\beta_2X_2+\varepsilon$ 的残差进行检验，假定 e_i^2 是解释变量 X_1、X_2 的二次多项式函数，可得到以下两种形式。

(1)有交叉项形式：$e_i^2=\alpha+\theta_1X_1+\theta_2X_2+\gamma_1X_1^2+\gamma_2X_2^2+\delta X_1X_2+\mu_i$。

(2)无交叉项形式：$e_i^2=\alpha+\theta_1X_1+\theta_2X_2+\gamma_1X_1^2+\gamma_2X_2^2+\mu_i$。

根据 White 检验模型的回归结果，统计量为 $nR^2\sim\chi^2(p-1)$ 。其中，n 是样本容量，R^2是决定系数，p 是模型中参数的个数(上面两模型中，有交叉项 $p=6$，无交叉项 $p=5$)。若 $nR^2>$临界值χ_α^2 ，则认为存在异方差，否则不存在。

图 4.11 所示为某个模型残差的有交叉项的 White 检验结果，需注意 EViews 将一次项也视作交叉项。

Heteroskedasticity Test: White

F-statistic	4.969152	Prob. F(2,26)	0.0149
Obs*R-squared	8.019599	Prob. Chi-Square(2)	0.0181
Scaled explained SS	7.015549	Prob. Chi-Square(2)	0.0300

Test Equation:
Dependent Variable: RESID^2
Method: Least Squares
Date: 03/20/24 Time: 08:55
Sample: 1 29
Included observations: 29

Variable	Coefficient	Std. Error	t-Statistic	Prob.
C	-219.6979	401.7777	-0.546815	0.5892
X^2	-3.54E-06	5.95E-06	-0.595011	0.5570
X	0.159502	0.107465	1.484227	0.1498

R-squared	0.276538	Mean dependent var	681.7481
Adjusted R-squared	0.220887	S.D. dependent var	985.7066
S.E. of regression	870.0574	Akaike info criterion	16.47269
Sum squared resid	19681996	Schwarz criterion	16.61414
Log likelihood	-235.8540	Hannan-Quinn criter.	16.51699
F-statistic	4.969152	Durbin-Watson stat	1.808174
Prob(F-statistic)	0.014873		

图 4.11　有交叉项的 White 检验结果

可以看到 $nR^2=8.019\ 599$，变量数 $p-1=2$，按 $\alpha=5\%$查得$\chi_\alpha^2(2)=5.99$，由

于 $nR^2 > \chi^2_\alpha$，因此模型存在异方差。

White 检验以及下面的 Park 检验、Glejser 检验，本质上都是对式(4.9)或式(4.10)的具体模型形式的显著性讨论。

在检验结果中，EViews 给出了 F 检验、χ^2 检验的概率 P 值，当 $P<\alpha=5\%$时，可判断存在异方差性。

图 4.11 中，F 检验 $P=0.0149<\alpha=5\%$，χ^2 检验 $P=0.0181<\alpha=5\%$，都可作为判断存在异方差的依据。

3. Park(帕克)检验

Park 检验的原理是根据式(4.9)的原理，假定 e_i^2 是解释变量幂函数的连乘积。

例如，对模型：$Y=\beta_0+\beta_1X_1+\beta_2X_2+\varepsilon$ 的残差进行检验，假定 e_i^2 函数形式为：

$$e_i^2=\alpha X_{1i}^{\beta}X_{2i}^{\gamma}e^{\mu_i}$$

线性化处理结果为：

$$\ln e_i^2=\ln\alpha+\beta\ln X_{1i}+\gamma\ln X_{2i}+\mu_i$$

EViews 中通过 Harvey(哈维)检验的方式进行 Park 检验，图 4.12 所示为某个模型残差的 Park 检验结果。

Heteroskedasticity Test: Harvey

F-statistic	9.616727	Prob. F(1,27)	0.0045
Obs*R-squared	7.616330	Prob. Chi-Square(1)	0.0058
Scaled explained SS	7.644820	Prob. Chi-Square(1)	0.0057

Test Equation:
Dependent Variable: LRESID2
Method: Least Squares
Date: 03/20/24 Time: 09:00
Sample: 1 29
Included observations: 29

Variable	Coefficient	Std. Error	t-Statistic	Prob.
C	-4.099090	2.998389	-1.367097	0.1829
LOG(X)	1.081418	0.348722	3.101085	0.0045

R-squared	0.262632	Mean dependent var	5.128951
Adjusted R-squared	0.235322	S.D. dependent var	2.264986
S.E. of regression	1.980637	Akaike info criterion	4.271186
Sum squared resid	105.9189	Schwarz criterion	4.365482
Log likelihood	-59.93220	Hannan-Quinn criter.	4.300718
F-statistic	9.616727	Durbin-Watson stat	1.805938
Prob(F-statistic)	0.004478		

图 4.12　残差的 Park 检验结果

从中可以看出，F 检验 $P=0.0045<\alpha=5\%$，χ^2 检验 $P=0.0058<\alpha=5\%$，认为模型存在异方差。

4. Glejser（格莱泽）检验

Glejser 检验的原理是根据式（4.10）的原理，假定 $|e_i|$ 是解释变量的幂函数形式。

例如，对模型：$Y=\beta_0+\beta_1X_1+\beta_2X_2+\varepsilon$ 的残差进行检验，假定 $|e_i|$ 函数形式为：

$$|e_i|=\alpha_0+\alpha_1X_{1i}^h+\mu_i$$

$$|e_i|=\alpha_0+\alpha_2X_{2i}^k+\mu_i$$

$$|e_i|=\alpha_0+\alpha_1X_{1i}^h+\alpha_2X_{2i}^k+\mu_i$$

其中，h、k 任意取值（正或负，整数或小数），进行不断试探，直到显著为止。

图 4.13 所示为某个模型残差的 Glejser 检验结果（取 $h=0.5$）。

Heteroskedasticity Test: Glejser

F-statistic	11.98716	Prob. F(1,27)	0.0018
Obs*R-squared	8.916463	Prob. Chi-Square(1)	0.0028
Scaled explained SS	9.008874	Prob. Chi-Square(1)	0.0027

Test Equation:
Dependent Variable: ARESID
Method: Least Squares
Date: 03/20/24 Time: 09:05
Sample: 1 29
Included observations: 29

Variable	Coefficient	Std. Error	t-Statistic	Prob.
C	-1.958572	6.949930	-0.281812	0.7802
X^0.5	0.278614	0.080472	3.462247	0.0018

R-squared	0.307464	Mean dependent var	20.32009
Adjusted R-squared	0.281815	S.D. dependent var	16.68663
S.E. of regression	14.14122	Akaike info criterion	8.202537
Sum squared resid	5399.301	Schwarz criterion	8.296833
Log likelihood	-116.9368	Hannan-Quinn criter.	8.232070
F-statistic	11.98716	Durbin-Watson stat	1.529059
Prob(F-statistic)	0.001800		

图 4.13 残差的 Glejser 检验结果

可以看出，F 检验 $P=0.0018<\alpha=5\%$，χ^2 检验 $P=0.0028<\alpha=5\%$，认为模型存在异方差。

除了上面介绍的异方差常用判断方法，还有 G-Q（Goldfeld-Quandt，戈德菲尔德-匡特）检验、B-P（Breusch-Pagan，布罗施-帕甘）检验、辅助回归检验等。

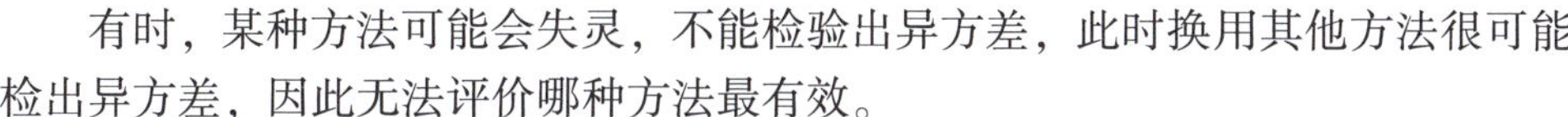

有时，某种方法可能会失灵，不能检验出异方差，此时换用其他方法很可能检出异方差，因此无法评价哪种方法最有效。

四、异方差问题的处理

对于模型中的异方差问题，可使用以下方法进行基本的处理。

(1)模型变换、变量变换。参见第一节自相关问题的处理，比如将线性模型改为双对数模型；将变量由原来的总量指标、绝对指标，改为增量指标、相对指标等。

(2)广义最小二乘法。参见第一节自相关问题处理中关于广义最小二乘法的讨论。

(3)加权最小二乘法(weighted least squares，WLS)。详见下面的讨论。

五、加权最小二乘法

1. WLS 的基本思想

WLS 是处理异方差问题的基本方法，它通过模型变换来消除异方差。下面以存在异方差的二元模型为例，说明 WLS 的基本思想。在此，假定模型满足除随机误差项同方差以外的其他统计假设。

设模型为 $Y=\beta_0+\beta_1X_1+\beta_2X_2+\varepsilon$，则异方差在样本回归方程组中体现为：

$$\begin{cases} Y_1=\beta_0+\beta_1X_{11}+\beta_2X_{21}+\varepsilon_1, & D(\varepsilon_1)=\sigma_1^2 \\ Y_2=\beta_0+\beta_1X_{12}+\beta_2X_{22}+\varepsilon_2, & D(\varepsilon_2)=\sigma_2^2 \\ \qquad\vdots \\ Y_n=\beta_0+\beta_1X_{1n}+\beta_2X_{2n}+\varepsilon_n, & D(\varepsilon_n)=\sigma_n^2 \end{cases} \tag{4.11}$$

(1)如果以式(4.9)的某种具体函数形式存在异方差：

$$e_i^2=f(X_{1i},\ X_{2i})+\mu_i$$

那么：

$$\sigma_i^2=D(\varepsilon_i)=E(\varepsilon_i^2)\approx E(e_i^2)=f(X_{1i},\ X_{2i})$$

取 $W_i=\sigma_i\approx\sqrt{f(X_{1i},\ X_{2i})}$，在式(4.11)中分别乘以 $1/W_i$，得到：

$$\begin{cases} \dfrac{Y_1}{W_1}=\beta_0\dfrac{1}{W_1}+\beta_1\dfrac{X_{11}}{W_1}+\beta_2\dfrac{X_{21}}{W_1}+\dfrac{\varepsilon_1}{W_1} \\ \dfrac{Y_2}{W_2}=\beta_0\dfrac{1}{W_2}+\beta_1\dfrac{X_{12}}{W_2}+\beta_2\dfrac{X_{22}}{W_2}+\dfrac{\varepsilon_2}{W_2} \\ \qquad\vdots \\ \dfrac{Y_n}{W_n}=\beta_0\dfrac{1}{W_n}+\beta_1\dfrac{X_{1n}}{W_n}+\beta_2\dfrac{X_{2n}}{W_n}+\dfrac{\varepsilon_n}{W_n} \end{cases} \tag{4.12}$$

称 $T_i = 1/W_i = 1/\sqrt{f(X_{1i}, X_{2i})}$ 为权数。

在式(4.12)所示的新模型中，随机误差项已变更为 $\frac{\varepsilon_1}{W_1}, \frac{\varepsilon_2}{W_2}, \cdots, \frac{\varepsilon_n}{W_n}$，其方差 $D\left(\frac{\varepsilon_i}{W_i}\right) = \frac{D(\varepsilon_i)}{W_i^2} \approx \frac{\sigma_i^2}{\sigma_i^2} \approx 1$，从而 $D\left(\frac{\varepsilon_1}{W_1}\right) \approx D\left(\frac{\varepsilon_2}{W_2}\right) \approx \cdots \approx D\left(\frac{\varepsilon_n}{W_n}\right) \approx 1$，实现了随机误差项同方差。

(2)如果式(4.11)的异方差形式是以式(4.10)的某种具体函数形式存在：

$$|e_i| = g(X_{1i}, X_{2i}) + \mu_i$$

则取权数为 $T_i = 1/g(X_{1i}, X_{2i})$，将 $W_i = g(X_{1i}, X_{2i})$ 代入式(4.12)，同样有 $D\left(\frac{\varepsilon_1}{W_1}\right) \approx D\left(\frac{\varepsilon_2}{W_2}\right) \approx \cdots \approx D\left(\frac{\varepsilon_n}{W_n}\right) \approx 1$，这样就消除了异方差。

(3)有时，权数的函数形式难以确定，怀特于1980年提出的异方差稳健标准误差法就是直接取权数为 $T_i = 1/|e_i|$，这样能较好地处理异方差问题。

2. EViews 中的处理

在 EViews 中，当判断模型存在异方差问题后，首先要试探出异方差的具体表现形式，即式(4.9)或式(4.10)的显著的、具体的函数形式，再据此创建权数序列对象，最后用 WLS 估计模型对结果再次评估。

下例说明了模型异方差问题的检验、处理、再检验处理的全过程。

【例 4.5】研究2001年四川省医疗卫生机构数与人口数之间的关系，其数据如表4.2所示。

表 4.2　2001 年四川省医疗卫生机构数与人口数

序号	地区	人口数/万人	机构数	序号	地区	人口数/万人	机构数
1	成都市	1 019.9	6 558	12	眉山市	340.1	826
2	自贡市	315.0	849	13	宜宾市	509.9	1 737
3	攀枝花	103.9	939	14	广安市	441.2	1 565
4	泸州市	464.4	1 368	15	达州市	622.7	2 410
5	德阳市	379.2	1 407	16	雅安市	151.1	959
6	绵阳市	520.2	1 293	17	巴中市	350.3	1 440
7	广元市	303.2	1 013	18	资阳市	488.2	1 385

续表

序号	地区	人口数/万人	机构数	序号	地区	人口数/万人	机构数
8	遂宁市	372.3	1 551	19	阿坝州	83.5	563
9	内江市	420.1	1 192	20	甘孜州	89.4	616
10	乐山市	346.5	1 079	21	凉山州	405.9	1 466
11	南充市	709.6	3 196				

数据来源：2002 年《四川统计年鉴》。

(1)设人口数为 X，医疗卫生机构数为 Y，建立对数模型：

$$Y=\beta_0+\beta_1\ln X+\varepsilon$$

(2)估计模型如图 4.14 所示。

Variable	Coefficient	Std. Error	t-Statistic	Prob.
C	-5730.758	1997.636	-2.868770	0.0098
LOG(X)	1256.991	340.8770	3.687520	0.0016

R-squared	0.417139	Mean dependent var	1591.048
Adjusted R-squared	0.386462	S.D. dependent var	1282.924
S.E. of regression	1004.897	Akaike info criterion	16.75355
Sum squared resid	19186555	Schwarz criterion	16.85303
Log likelihood	-173.9123	Hannan-Quinn criter.	16.77514
F-statistic	13.59781	Durbin-Watson stat	1.600688
Prob(F-statistic)	0.001564		

图 4.14　2001 年四川省医疗卫生机构数线性模型

由 F 检验的 $P=0.001\,564$ 可知模型整体显著，由 $R^2=0.417\,139$ 可知 $\ln X$ 对 Y 有明确的解释效果，回归参数 $\widehat{\beta_1}=1\,256.991$ 通过 t 检验，且具有合理的经济意义。

(3)异方差的检验。

①残差图分析。图 4.15 所示是 $\ln X$ 与 e_i^2 的散点图。可以粗略看出，散点主要集中在下部区域，但至 $\ln X$ 最大值时，e_i^2 有一个巨大的跃迁。因此，模型很可能存在异方差。下面进一步检测，并寻求式(4.9)或式(4.10)的具体形式。

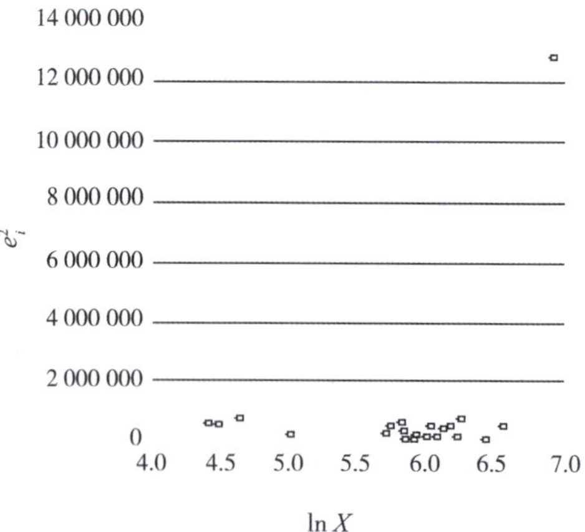

图 4.15　2001 年四川省医疗卫生机构数模型 ln X 与 e_i^2 的散点图

②White 检验结果如图 4.16 所示。可以看出，F 检验、χ^2 检验的 P 值分别为 0.000 2、0.001 7，均小于 $\alpha=5\%$，说明存在异方差。

Heteroskedasticity Test: White

F-statistic	13.91494	Prob. F(2,18)	0.0002
Obs*R-squared	12.75210	Prob. Chi-Square(2)	0.0017
Scaled explained SS	44.63452	Prob. Chi-Square(2)	0.0000

Test Equation:
Dependent Variable: RESID^2
Method: Least Squares
Date: 04/21/24 Time: 17:34
Sample: 1 21
Included observations: 21

Variable	Coefficient	Std. Error	t-Statistic	Prob.
C	1.08E+08	25013037	4.329138	0.0004
LOG(X)^2	3850292.	821457.9	4.687145	0.0002
LOG(X)	-41134240	9113509.	-4.513546	0.0003

R-squared	0.607243	Mean dependent var	913645.5
Adjusted R-squared	0.563603	S.D. dependent var	2737774.
S.E. of regression	1808582.	Akaike info criterion	31.78555
Sum squared resid	5.89E+13	Schwarz criterion	31.93477
Log likelihood	-330.7483	Hannan-Quinn criter.	31.81793
F-statistic	13.91494	Durbin-Watson stat	1.758963
Prob(F-statistic)	0.000222		

图 4.16　2001 年四川省医疗卫生机构数模型的 White 检验结果

检验结果显著，该模型为式(4.9)的一种具体形式：

$$e_i^2 = 108\ 000\ 000 - 41\ 134\ 240\ln X_i + 3\ 850\ 292\ln^2 X_i \quad (4.13)$$

③Park 检验结果如图 4.17 所示。Park 检验模型 $e_i^2 = \alpha \ln^{\beta} X_i e^{\mu_i}$ 中的 F 检验、χ^2 检验的 P 值都大于 5%，说明 Park 检验未能检验出异方差。

Heteroskedasticity Test: Harvey

F-statistic	1.058835	Prob. F(1,19)	0.3164
Obs*R-squared	1.108515	Prob. Chi-Square(1)	0.2924
Scaled explained SS	1.107913	Prob. Chi-Square(1)	0.2925

Test Equation:
Dependent Variable: LRESID2
Method: Least Squares
Date: 08/29/24　Time: 07:50
Sample: 1 21
Included observations: 21

Variable	Coefficient	Std. Error	t-Statistic	Prob.
C	15.98324	4.517190	3.538314	0.0022
LOG(X)	-0.793166	0.770814	-1.028997	0.3164

R-squared	0.052786	Mean dependent var	11.36315
Adjusted R-squared	0.002933	S.D. dependent var	2.275682
S.E. of regression	2.272342	Akaike info criterion	4.569892
Sum squared resid	98.10724	Schwarz criterion	4.669370
Log likelihood	-45.98387	Hannan-Quinn criter.	4.591481
F-statistic	1.058835	Durbin-Watson stat	2.212547
Prob(F-statistic)	0.316403		

图 4.17　2001 年四川省医疗卫生机构数模型的 Park 检验结果

④Glejser 检验。对 Glejser 检验模型 $|e_i| = \alpha_0 + \alpha_1 \ln^h X_i + \mu_i$ 中的 h，可任意取值，下面仅给出两个示范。实际操作中，可取不同的值，将结果进行比较，选择显著且 R^2 值较高者。

取 $h=2.5$ 的结果如图 4.18 所示，F 检验的 $P=0.135\ 7>5\%$、χ^2 检验的 $P=0.123\ 0>\alpha=5\%$，此 Glejser 模型未能检验出异方差。

取 $h=9$ 的结果如图 4.19 所示，F 检验的 $P=0.001\ 9<5\%$、χ^2 检验的 $P=0.003\ 6<\alpha=5\%$，说明存在异方差。

Heteroskedasticity Test: Glejser

F-statistic	2.427755	Prob. F(1,19)	0.1357
Obs*R-squared	2.379290	Prob. Chi-Square(1)	0.1230
Scaled explained SS	3.079103	Prob. Chi-Square(1)	0.0793

Test Equation:
Dependent Variable: ARESID
Method: Least Squares
Date: 04/21/24 Time: 18:07
Sample: 1 21
Included observations: 21

Variable	Coefficient	Std. Error	t-Statistic	Prob.
C	-256.2814	608.1075	-0.421441	0.6782
(LOG(X))^2.5	10.97229	7.041980	1.558125	0.1357

R-squared	0.113300	Mean dependent var	662.3957
Adjusted R-squared	0.066631	S.D. dependent var	706.1312
S.E. of regression	682.2005	Akaike info criterion	15.97892
Sum squared resid	8842554.	Schwarz criterion	16.07840
Log likelihood	-165.7786	Hannan-Quinn criter.	16.00051
F-statistic	2.427755	Durbin-Watson stat	1.152700
Prob(F-statistic)	0.135705		

图 4.18　2001 年四川省医疗卫生机构数模型的 Glejser 检验结果($h=2.5$)

Heteroskedasticity Test: Glejser

F-statistic	12.91711	Prob. F(1,19)	0.0019
Obs*R-squared	8.498870	Prob. Chi-Square(1)	0.0036
Scaled explained SS	10.99861	Prob. Chi-Square(1)	0.0009

Test Equation:
Dependent Variable: ARESID
Method: Least Squares
Date: 04/21/24 Time: 18:11
Sample: 1 21
Included observations: 21

Variable	Coefficient	Std. Error	t-Statistic	Prob.
C	77.61565	203.3530	0.381679	0.7069
(LOG(X))^9	5.45E-05	1.52E-05	3.594039	0.0019

R-squared	0.404708	Mean dependent var	662.3957
Adjusted R-squared	0.373377	S.D. dependent var	706.1312
S.E. of regression	558.9701	Akaike info criterion	15.58046
Sum squared resid	5936504.	Schwarz criterion	15.67994
Log likelihood	-161.5948	Hannan-Quinn criter.	15.60205
F-statistic	12.91711	Durbin-Watson stat	1.446890
Prob(F-statistic)	0.001935		

图 4.19　2001 年四川省医疗卫生机构数模型的 Glejser 检验结果($h=9$)

当取 $h=9$ 时，该模型即为式(4.10)的一种具体形式：

$$|e_i| = 77.61565 + 0.0000545\ln^9 X_i \tag{4.14}$$

其中，截距项不显著，构建权数时应舍弃。

实际上，在 Glejser 检验中，还可灵活增加解释变量的不同次数，形如：

$$|e_i| = \alpha_0 + \alpha_1 X_i^{h_1} + \alpha_2 X_i^{h_2} + \mu_i,\ h_1 < h_2$$

可有效降低 h，升高 R^2。例如，对本例构造如下 Glejser 检验：

$$|e_i| = \alpha_0 + \alpha_1 \ln X_i + \alpha_2 \ln^{1.5} X_i + \mu_i,\ h_1 = 1 < h_2 = 1.5$$

检验结果如图 4.20 所示。以此结果构建权数进行的 WLS 处理，请读者自行完成。

Heteroskedasticity Test: Glejser

F-statistic	11.80442	Prob. F(2,18)	0.0005
Obs*R-squared	11.91539	Prob. Chi-Square(2)	0.0026
Scaled explained SS	15.42003	Prob. Chi-Square(2)	0.0004

Test Equation:
Dependent Variable: ARESID
Method: Least Squares
Date: 04/21/24　Time: 18:17
Sample: 1 21
Included observations: 21

Variable	Coefficient	Std. Error	t-Statistic	Prob.
C	40179.56	9102.462	4.414141	0.0003
LOG(X)	-22377.05	4984.311	-4.489498	0.0003
(LOG(X))^1.5	6430.758	1413.689	4.548920	0.0002

R-squared	0.567400	Mean dependent var	662.3957
Adjusted R-squared	0.519333	S.D. dependent var	706.1312
S.E. of regression	489.5619	Akaike info criterion	15.35646
Sum squared resid	4314075.	Schwarz criterion	15.50568
Log likelihood	-158.2429	Hannan-Quinn criter.	15.38885
F-statistic	11.80442	Durbin-Watson stat	1.721242
Prob(F-statistic)	0.000531		

图 4.20　2001 年四川省医疗卫生机构数模型的 Glejser 检验结果($h_1=1$，$h_2=1.5$)

(4)异方差的 WLS 处理。

①由式(4.13)确定的权数 $T=1/\sqrt{108000000-41134240\ln X_i+3850292\ln^2 X_i}$，WLS 处理结果如图 4.21 所示。

Variable	Coefficient	Std. Error	t-Statistic	Prob.
C	-270.3386	356.3200	-0.758696	0.4573
LOG(X)	256.1585	65.70951	3.898348	0.0010
		Weighted Statistics		
R-squared	0.444398	Mean dependent var		1264.768
Adjusted R-squared	0.415155	S.D. dependent var		1302.808
S.E. of regression	331.0149	Akaike info criterion		14.53260
Sum squared resid	2081847.	Schwarz criterion		14.63208
Log likelihood	-150.5923	Hannan-Quinn criter.		14.55419
F-statistic	15.19712	Durbin-Watson stat		1.789130
Prob(F-statistic)	0.000966	Weighted mean dep.		1107.155
		Unweighted Statistics		
R-squared	0.065688	Mean dependent var		1591.048
Adjusted R-squared	0.016513	S.D. dependent var		1282.924
S.E. of regression	1272.287	Sum squared resid		30755576
Durbin-Watson stat	1.340022			

图 4.21　2001 年四川省医疗卫生机构数模型的 WLS 处理结果(White 权数)

②式(4.14)确定的权数 $T=1/(77.615\,65+0.000\,054\,5\ln^9 X_i)$， WLS 处理结果如图 4.22 所示。

Variable	Coefficient	Std. Error	t-Statistic	Prob.
C	-1932.289	469.5841	-4.114895	0.0006
LOG(X)	574.5231	102.8390	5.586628	0.0000
		Weighted Statistics		
R-squared	0.621592	Mean dependent var		903.7580
Adjusted R-squared	0.601676	S.D. dependent var		954.2330
S.E. of regression	238.0620	Akaike info criterion		13.87333
Sum squared resid	1076797.	Schwarz criterion		13.97281
Log likelihood	-143.6700	Hannan-Quinn criter.		13.89492
F-statistic	31.21041	Durbin-Watson stat		2.492753
Prob(F-statistic)	0.000022	Weighted mean dep.		686.2159
		Unweighted Statistics		
R-squared	0.274229	Mean dependent var		1591.048
Adjusted R-squared	0.236031	S.D. dependent var		1282.924
S.E. of regression	1121.344	Sum squared resid		23890836
Durbin-Watson stat	1.449075			

图 4.22　2001 年四川省医疗卫生机构数模型的 WLS 处理结果(Glejser 权数)

③取稳健标准误差确定权数 $T=1/|e_i|$，WLS 处理结果如图 4.23 所示。

Variable	Coefficient	Std. Error	t-Statistic	Prob.
C	-6261.951	908.2019	-6.894889	0.0000
LOG(X)	1338.910	144.5754	9.260980	0.0000

Weighted Statistics

R-squared	0.818643	Mean dependent var	-967.8239
Adjusted R-squared	0.809098	S.D. dependent var	26941.80
S.E. of regression	2588.756	Akaike info criterion	18.64614
Sum squared resid	1.27E+08	Schwarz criterion	18.74561
Log likelihood	-193.7844	Hannan-Quinn criter.	18.66772
F-statistic	85.76576	Durbin-Watson stat	1.828446
Prob(F-statistic)	0.000000	Weighted mean dep.	2137.596

Unweighted Statistics

R-squared	0.413505	Mean dependent var	1591.048
Adjusted R-squared	0.382637	S.D. dependent var	1282.924
S.E. of regression	1008.025	Sum squared resid	19306173
Durbin-Watson stat	1.615033		

图 4.23　2001 年四川省医疗卫生机构数模型的 WLS 处理结果(稳健标准误差权数)

(5) WLS 处理结果的再检验。

对图 4.21、图 4.22、图 4.23 所示的三个不同权重处理所得的模型再次进行 White 检验，分别对应图 4.24、图 4.25、图 4.26 的结果。图 4.24 表明其对应的权重已很好地处理了异方差，而图 4.25、图 4.26 表明此权重对异方差的处理无效。

Heteroskedasticity Test: White

F-statistic	0.568840	Prob. F(3,17)	0.6431
Obs*R-squared	1.915746	Prob. Chi-Square(3)	0.5901
Scaled explained SS	4.127433	Prob. Chi-Square(3)	0.2480

图 4.24　WLS 处理结果的 White 再检验(White 权数)

Heteroskedasticity Test: White

F-statistic	6.531263	Prob. F(3,17)	0.0039
Obs*R-squared	11.24425	Prob. Chi-Square(3)	0.0105
Scaled explained SS	21.58898	Prob. Chi-Square(3)	0.0001

图 4.25　WLS 处理结果的 White 再检验(Glejser 权数)

Heteroskedasticity Test: White

F-statistic	105.1064	Prob. F(3,17)	0.0000
Obs*R-squared	19.92573	Prob. Chi-Square(3)	0.0002
Scaled explained SS	0.824222	Prob. Chi-Square(3)	0.8437

图 4.26 WLS 处理结果的 White 再检验(稳健标准误差权数)

处理好异方差的模型(见图 4.21)结果是:

$$\hat{Y} = -270.3386 + 256.1585 \ln X$$

$$t = (-0.758696)(3.898348)$$

$$n = 21,\ F = 15.19712,\ R^2 = 0.444398,\ DW = 1.789130$$

第三节　共线性问题

一、共线性问题概述

1. 共线性的含义

经典回归的统计假设中,要求解释变量 X_1,X_2,…,X_k之间彼此独立,无相关关系。若违背这一假设,即部分或全部解释变量之间存在较为明显的线性相关性,则称为解释变量之间存在多重共线性,简称共线性。

事实上,如果模型中的某个变量与其他变量存在严格的线性关系,则该变量可以直接从模型中剔除。例如:

$$Y = \beta_0 + \beta_1 X_1 + \beta_2 X_2 + \beta_3 X_3 + \varepsilon$$

如果存在 $X_1 = \alpha + k_2 X_2 + k_3 X_3$,则可将模型简化为:

$$Y = \beta_0 + \beta_2 X_2 + \beta_3 X_3 + \varepsilon$$

这描述了一种基本的经济原理:当一个影响因素由其他影响因素决定时,则它对系统(模型)的贡献可由其影响因素替代。

一般的情况是,变量之间存在并不完全的线性关系。实际工作中,只要变量之间的相关系数 $|r_{ij}| < 0.8$,即认为共线性不严重,就可不予处理。

图 4.27 所示为某省粮食产量模型 $Y = \beta_0 + \beta_2 X_2 + \beta_3 X_3 + \beta_4 X_4 + \beta_5 X_5 + \varepsilon$ 的回归结果。其中,Y为粮食产量,X_2为化肥用量,X_3为农机动力,X_4为有效灌溉面积,X_5为农牧渔劳动力。可以看出,模型存在严重的共线性。

Variable	Coefficient	Std. Error	t-Statistic	Prob.
C	2530.422	1341.005	1.886959	0.0764
X2	4.155630	1.631865	2.546553	0.0209
X3	0.210988	0.127001	1.661315	0.1150
X4	-0.349720	0.215850	-1.620202	0.1236
X5	0.160374	0.435141	0.368556	0.7170

R-squared	0.933679	Mean dependent var	3025.642
Adjusted R-squared	0.918074	S.D. dependent var	646.3545
S.E. of regression	185.0039	Akaike info criterion	13.47535
Sum squared resid	581849.8	Schwarz criterion	13.72331
Log likelihood	-143.2288	Hannan-Quinn criter.	13.53376
F-statistic	59.83242	Durbin-Watson stat	2.559836
Prob(F-statistic)	0.000000		

图 4.27　某省粮食产量模型的回归结果

存在严重共线性的模型常常有两个外在表现：

(1)部分解释变量的 t 值不显著，如图 4.27 的 X_3、X_4、X_5；

(2)解释变量回归系数的正负符号与经济意义不一致，如图 4.27 中有效灌溉面积 X_4的回归系数为负，显然不符合经济意义。

2. 引起共线性的原因

(1)经济变量的内在联系。在同一经济系统中，各经济因素之间的联系是内在的、必然的，其间的相关性是不可避免的。例如，在影响粮食产量的播种面积(通常用 X_1 表示)、化肥用量、农机动力、有效灌溉面积、农牧渔劳动力等因素之间，播种面积增大，化肥用量必然增大，两者有天然的内在关联。

(2)经济变量的趋同性。例如，在经济增长期，投资、消费、收入、物价等同增；在经济衰退期，投资、消费、收入、物价等又同降。

(3)模型中含被解释变量的滞后期，该滞后期有可能与模型中的其他解释变量高度相关。例如，对于依据相对消费理论建立的消费模型：

$$C_t = \beta_0 + \beta_1 Y_t + \beta_2 C_{t-1} + \varepsilon_t$$

其中，当期收入 Y_t 与上一期消费 C_{t-1} 之间很可能存在较为严重的共线性。

以上是导致共线性现象的经济系统内在的基本原因。此外，样本容量较小时，模型的设定偏误也可能引起共线性，它们属于处理上的技术性原因。

二、共线性导致的不良后果

1. 难于进行结构分析

经济问题中，常常需要对影响因素进行结构、边际、弹性等分析，以确定影响因素的主次和权重。而解释变量之间的共线性，就是“你中有我，我中有你”的关系，因此无法区分每个解释变量的单独影响。还是以粮食产量的影响因素为例，当需要单独考察化肥用量对产量的影响时，它与播种面积、农机动力、有效灌溉面积、农牧渔劳动力等其他影响因素彼此相互制约、同涨同消，难以分析出其独特的影响。

2. 增大 OLS 估计量的方差

OLS 估计量 $\hat{\boldsymbol{B}}=(\boldsymbol{X}^{\mathrm{T}}\boldsymbol{X})^{-1}\boldsymbol{X}^{\mathrm{T}}\boldsymbol{Y}$，其中矩阵 $\boldsymbol{X}$ 由解释变量的样本为主体构成。

当两个解释变量存在完全共线性时，有 $|\boldsymbol{X}^{\mathrm{T}}\boldsymbol{X}|=0$，导致 $(\boldsymbol{X}^{\mathrm{T}}\boldsymbol{X})^{-1}$ 不存在，从而无法求解 OLS 估计量 $\hat{\boldsymbol{B}}$。

当解释变量存在严重共线性时，有 $|\boldsymbol{X}^{\mathrm{T}}\boldsymbol{X}|\to 0$，导致 $|(\boldsymbol{X}^{\mathrm{T}}\boldsymbol{X})^{-1}|\to\infty$，从而将 OLS 估计量 $\hat{\boldsymbol{B}}=(\boldsymbol{X}^{\mathrm{T}}\boldsymbol{X})^{-1}\boldsymbol{X}^{\mathrm{T}}\boldsymbol{Y}$ 的方差 $(\boldsymbol{X}^{\mathrm{T}}\boldsymbol{X})^{-1}\sigma^2$ 巨量放大。当样本发生变化时，回归参数的 OLS 估计结果对此非常敏感，剧烈振荡，极不稳定。方差的巨量化还将引发检验、预测方面的不良后果。

3. t 检验的可靠性降低

方差 $\mathrm{Se}(\hat{\beta}_i)$ 的巨大，意味着由式(2.40)得到的统计量 $t=\hat{\beta}_i/\sqrt{\mathrm{Se}(\hat{\beta}_i)}\to 0$，因此回归参数很难通过显著性 t 检验，从而极大地增加了拒真风险。

此外，预测值的置信区间 $|\hat{Y}_f-Y_f|/(\hat{\sigma}\sqrt{1+\boldsymbol{X}_f(\boldsymbol{X}^{\mathrm{T}}\boldsymbol{X})^{-1}\boldsymbol{X}_f^{\mathrm{T}}})\to 0$，因此区间被极度收窄，失去了区间预测的意义。

三、共线性的检验

1. 相关系数矩阵检验法

通过计算解释变量之间两两线性相关的相关系数，形成矩阵(表格)的形式，可以便捷地了解解释变量的线性相关程度，从而判断模型是否具有共线性。

图 4.28 所示为用 EViews 创建的某模型 5 个解释变量的相关系数矩阵，显然它是对称的。以解释变量 X_1 为例，可看出它与 X_2、X_4、X_5 的相关系数分别为 $r_{12}=0.998\,958$，$r_{14}=0.983\,609$，$r_{15}=0.930\,167$，存在高度的线性相关，因此可以判断该模型存在共线性问题。

	Correlation				
	X1	X2	X3	X4	X5
X1	1.000000	0.998958	0.270288	0.983609	0.930167
X2	0.998958	1.000000	0.284479	0.977804	0.942293
X3	0.270288	0.284479	1.000000	0.231622	0.358336
X4	0.983609	0.977804	0.231622	1.000000	0.881798
X5	0.930167	0.942293	0.358336	0.881798	1.000000

图 4.28 解释变量相关系数矩阵

2. 方差膨胀因子检验法

怀疑某个解释变量 X_i 与其他解释变量高度相关时，可用 X_i 对其他解释变量进行辅助回归。若回归模型显著(通过 F 检验)，则进一步根据 R^2 计算方差膨胀因子(variance inflation factor，VIF)：

$$\text{VIF}=\frac{1}{1-R_i^2}$$

一般地，若 VIF>5(此时对应 $R^2>0.8$)，则认为原模型存在严重的共线性。此标准有时也放宽，取 VIF>10(对应 $R^2>0.9$)。

利用方差膨胀因子进行分析时，并不要求所有的 VIF>5，只要有一个超过 5，即可认为共线性严重。

例如，某模型中设定 5 个解释变量 X_1、X_2、X_3、X_4、X_5，怀疑 X_1 与其他解释变量高度相关。X_1 对其他解释变量的回归模型为：

$$X_1=\alpha_0+\alpha_2X_2+\alpha_3X_3+\alpha_4X_4+\alpha_5X_5+\mu_t$$

回归模型的检验结果如图 4. 29 所示。

Variable	Coefficient	Std. Error	t-Statistic	Prob.
C	-395.4182	223.6990	-1.767635	0.1048
X2	1.510672	0.100204	15.07602	0.0000
X3	-0.001107	0.002279	-0.485722	0.6367
X4	26.57334	12.85590	2.067014	0.0631
X5	-0.334860	0.154857	-2.162379	0.0535

R-squared	0.999318	Mean dependent var	9611.688
Adjusted R-squared	0.999070	S.D. dependent var	6643.540
S.E. of regression	202.5688	Akaike info criterion	13.71034
Sum squared resid	451375.3	Schwarz criterion	13.95178
Log likelihood	-104.6827	Hannan-Quinn criter.	13.72271
F-statistic	4030.781	Durbin-Watson stat	1.313348
Prob(F-statistic)	0.000000		

图 4. 29　回归模型的检验结果

回归模型的 F 检验显著，方差膨胀因子为：

$$\text{VIF}=\frac{1}{1-R^2}=\frac{1}{1-0.999\ 318}=1\ 466.28>5$$

因此，可判断模型存在严重的共线性。

3. 变量与方程显著性综合检验法

估计模型后，根据共线性模型外在表现，对回归结果进行综合判断。当具有以下特征时，表明模型存在严重的共线性：

(1) R^2 拟合效果较好；

(2)模型整体 F 检验显著；

(3)存在解释变量的 t 检验不显著；

(4)某个(些)解释变量的回归参数的正负符号不符合经济意义。

图 4.30 所示为对某模型 $Y=\beta_0+\beta_1X_1+\beta_2X_2+\beta_3X_3+\beta_4X_4+\varepsilon$ 回归后，得到的变量与方程显著性综合检验结果。

Variable	Coefficient	Std. Error	t-Statistic	Prob.
C	-3128.950	2684.012	-1.165773	0.2598
X1	0.586233	0.252847	2.318528	0.0331
X2	5.577050	1.149715	4.850811	0.0001
X3	0.068357	0.127389	0.536598	0.5985
X4	-0.123071	0.209047	-0.588722	0.5638

R-squared	0.949210	Mean dependent var	3025.642
Adjusted R-squared	0.937259	S.D. dependent var	646.3545
S.E. of regression	161.8999	Akaike info criterion	13.20855
Sum squared resid	445596.7	Schwarz criterion	13.45651
Log likelihood	-140.2940	Hannan-Quinn criter.	13.26696
F-statistic	79.42733	Durbin-Watson stat	2.383417
Prob(F-statistic)	0.000000		

图 4.30　变量与方程显著性综合检验结果

可以看到，$R^2=0.949\ 210$，拟合效果良好；F 检验对应的 $P=0.000\ 000<\alpha$，模型整体显著；存在解释变量 X_3、X_4的 t 检验不显著。综合这些特征，说明该模型存在严重的共线性。

除了以上共线性检验方法，贝尔斯利(Belsley)等人还于 1980 年提出了利用 $\boldsymbol{X}^{\mathrm{T}}\boldsymbol{X}$ 的特征根构造条件指数(conditional index，又称病态指数)的判断方法。

四、共线性的处理

共线性主要影响模型的结构分析，根据研究目的不同，可区别对待共线性问题。如果模型的主要目的是进行经济预测，则优先考虑模型的整体显著性，R^2 值较大化、$\hat{\sigma}$ 值较小化，只要预测偏差较小，结果满意，共线性可暂不处理。在实际工作中处理共线性时，一般从以下几个方面入手。

1. 调整模型结构

调整模型结构就是减少模型中的变量，包括剔除次要变量和可替代变量，利用变量之间的关系合并变量，由此弱化共线性程度。

例如，在研究生产企业的产出模型时，企业的固定资产和职工人数常常高度相关，可根据研究目的舍弃其中一个。

再如，研究某地区农村居民家庭日用品消费支出，发现其中的两个主要影响因素农业收入、非农收入相关性较强，在不影响研究目的的前提下，不妨将两者合并为家庭收入一个变量。

增减模型中的变量，可能会带来模型设定误差的问题。此外，还应尽量避免破坏模型结构的整体经济意义。

2. 调整变量

调整变量，主要是指调整变量的指标，将原来的总量指标、绝对指标改为增量指标、相对指标。例如，将企业的年利润调整为利润增量、利润增长率。这样既保全了重要的影响因素的解释作用，又可弱化共线性。

如果所有变量都调整为增量指标，则将模型调整为事实上的差分形式。模型的差分形式既可弱化共线性，也能降低自相关。

此外，改变模型的函数形式，如将线性模型改为对数模型，也可能减弱共线性程度。

3. 扩大样本

模型的估计结果和计量检验受到样本数据的重大影响，共线性对样本是比较敏感的。某一时空的样本呈现共线性，也许仅限于该时空范围的经济对象。扩大样本的时空范围，增大样本容量后，很可能使经济对象在大范围内呈现更加稳定、一致的统计规律性，降低甚至消除共线性。

4. 逐步回归法

此方法由弗里希提出，其基本思想是：逐一引入变量至模型中，如果模型通过 F 检验整体显著，变量通过 t 检验显著，那么当前变量得以保留，否则予以剔除。

此过程中，变量任进任出。先前入选的变量在引入新变量后如变得不重要，可以剔除；先前被剔除变量在引入新变量后如变得重要，可以重新入选。重复以上过程，直到引入任意新变量都不适当为止。这时根据研究目的，结合 $\bar{R}^2$（或 R^2）值较大、信息准则值较小、$\hat{\sigma}$ 值较小等原则，确定最终模型。

当解释变量较多时，遍历性的试探过程工作量巨大，并不切实可行。下面以模型 $Y=\beta_0+\beta_1X_1+\beta_2X_2+\beta_3X_3+\beta_4X_4+\varepsilon$ 为例，说明实际工作中通常采用的方法。

1）一元基本模型的确定

利用相关系数矩阵，选取与 Y 相关系数最高的 X_i，不妨假定为 X_2。

估计一元基本模型 $Y=\beta_0+\beta_2X_2+\varepsilon$，记载必要的统计量，如 t 值、F 值、$\bar{R}^2$ 值、DW 值、信息准则值等。

有时也可根据研究目的，直接选定认为对 Y 影响重大的某个 X_i 作为一元基本模型的解释变量。

2)二元基本模型的确定

在一元基本模型的基础上，逐一添加一元基本模型中不存在的其他解释变量，形成二元模型，分别估计，进行比对。

例如，向 $Y=\beta_0+\beta_2X_2+\varepsilon$ 中逐一添加 X_1、X_3、X_4，形成三个不同的二元模型：

$$\begin{cases}Y=\beta_0+\beta_2X_2+\beta_1X_1+\varepsilon\\Y=\beta_0+\beta_2X_2+\beta_3X_3+\varepsilon\\Y=\beta_0+\beta_2X_2+\beta_4X_4+\varepsilon\end{cases}$$

分别估计后，留存通过 F 检验、t 检验的模型，记载必要的统计量。

从通过统计检验的模型中，选取 R^2 值最大者作为二元基本模型。

如果所有二元模型都没有同时通过统计检验，那么试探停止，以一元基本模型为最终模型。

不妨假定 $Y=\beta_0+\beta_2X_2+\beta_3X_3+\varepsilon$ 为二元基本模型。

3)三元基本模型的确定

在二元基本模型的基础上，逐一添加二元基本模型中不存在的其他解释变量，形成三元模型，分别估计，进行比对。

向二元基本模型 $Y=\beta_0+\beta_2X_2+\beta_3X_3+\varepsilon$ 中逐一添加 X_1、X_4，形成三元模型：

$$\begin{cases}Y=\beta_0+\beta_2X_2+\beta_3X_3+\beta_1X_1+\varepsilon\\Y=\beta_0+\beta_2X_2+\beta_3X_3+\beta_4X_4+\varepsilon\end{cases}$$

分别估计后，留存通过 F 检验、t 检验的模型，记载必要的统计量。

从通过统计检验的模型中，选取 R^2 值最大者作为三元基本模型。

因为原模型为四元，本过程就是在修正该四元模型的共线性，所以至多存在共线性相对弱化的三元模型。至此试探工作停止，三元基本模型即最终模型。

如果所有三元模型都没有同时通过统计检验，那么以二元基本模型为最终模型。

需要说明的是，最终模型并不一定完全消除了共线性，只是使之弱化，t 检验显著且正负符号正确具有经济意义。最终模型中 X_i 的回归参数并不能解释为 X_i 对 Y 的单独影响，因为 X_i 包含被剔除的 X_j 对 Y 的影响。

除了以上介绍的处理共线性的方法外，还有岭回归法、主成分回归法等其他方法。

下面通过例子，说明逐步回归法的具体应用。

【例 4.6】对 2005—2022 年湖北省主要粮食产量 Y 的影响因素进行分析。根据基本理论和生产实际选取的主要因素有播种面积 X_1、农机动力 X_2、化肥用量 X_3、农药用量 X_4、第一产业从业人数 X_5，表 4.3 所示为相关数据，拟建立湖北省主要粮食产量模型。

表 4.3　2005—2022 年湖北省主要粮食产量数据

年份	主要粮食产量 Y/万吨	播种面积 X_1/千公顷	农机动力 X_2/万千瓦	化肥用量 X_3/万吨	农药用量 X_4/万吨	第一产业从业人数 X_5/万人
2005	2 177.38	4 068.05	2 057.37	285.83	11.02	1 687.30
2006	2 099.10	3 902.27	2 263.15	292.48	13.17	1 694.70
2007	2 139.07	4 032.18	2 551.08	299.90	13.56	1 697.00
2008	2 145.47	3 891.72	2 796.99	327.66	13.84	1 707.91
2009	2 291.05	4 072.96	3 057.24	340.26	13.85	1 702.30
2010	2 304.26	4 135.78	3 371.00	350.77	14.00	1 565.83
2011	2 407.45	4 191.52	3 571.23	354.89	13.95	1 547.86
2012	2 485.14	4 294.51	3 842.16	357.66	13.95	1 510.44
2013	2 586.21	4 416.60	4 081.05	351.93	12.72	1 458.59
2014	2 658.26	4 522.12	4 292.90	348.27	12.61	1 374.29
2015	2 914.75	4 784.38	4 468.12	333.87	12.07	1 304.21
2016	2 796.35	4 816.14	4 187.75	327.96	11.74	1 246.66
2017	2 846.12	4 852.99	4 335.47	317.93	10.96	1 196.22
2018	2 839.47	4 847.01	4 424.59	295.82	10.33	1 147.05
2019	2 724.98	4 608.60	4 515.73	273.89	9.70	1 107.24
2020	2 727.43	4 645.27	4 626.07	267.23	9.31	897.00
2021	2 764.33	4 685.98	4 731.46	262.62	9.05	881.00
2022	2 741.15	4 688.96	4 878.65	257.98	8.55	928.00

数据来源：《湖北统计年鉴》。

(1)建立湖北省主要粮食(简称主粮)产量模型为线性函数模型：

$$Y=\beta_0+\beta_1X_1+\beta_2X_2+\beta_3X_3+\beta_4X_4+\beta_5X_5+\varepsilon \tag{4.15}$$

也可考虑建立双对数函数模型，处理过程完全类似，读者可自行完成。

(2)模型的共线性检验。

①相关系数矩阵检验。用 EViews 构建的解释变量相关系数矩阵如图 4.31 所示。

Correlation					
	X1	X2	X3	X4	X5
X1	1.000000	0.895360	-0.257538	-0.697314	-0.857638
X2	0.895360	1.000000	-0.181507	-0.625680	-0.892066
X3	-0.257538	-0.181507	1.000000	0.831599	0.578158
X4	-0.697314	-0.625680	0.831599	1.000000	0.880913
X5	-0.857638	-0.892066	0.578158	0.880913	1.000000

图 4.31　解释变量相关系数矩阵

可以看出，$|r_{12}|=0.895\ 360>0.8$，表明(X_1, X_2)之间存在较为严重的共线性。此外，(X_1, X_5)、(X_2, X_5)、(X_3, X_4)、(X_4, X_5)之间的共线性也较为严重。

②方差膨胀因子检验。将 X_1对其他解释变量回归，模型为：

$$X_1=\alpha_0+\alpha_2X_2+\alpha_3X_3+\alpha_4X_4+\alpha_5X_5+\mu$$

其回归结果的 $R^2=0.871\ 307$，计算得 $\text{VIF}_1=1/(1-R^2)\approx 7.770\ 4>5$，可推断原模型式(4.15)存在共线性。当然，也可将 X_2、X_3、X_4、X_5逐一对其他解释变量回归，分别计算 VIF，只要任意 VIF>5，即可得出类似结论。

③变量与方程显著性综合检验。直接估计式(4.15)表示的产量模型，其变量与方程显著性综合检验结果如图 4.32 所示。

Variable	Coefficient	Std. Error	t-Statistic	Prob.
C	-918.3995	360.6985	-2.546169	0.0256
X1	0.622385	0.064774	9.608614	0.0000
X2	0.127007	0.047084	2.697459	0.0194
X3	0.323882	0.899201	0.360189	0.7250
X4	-13.32958	18.83684	-0.707633	0.4927
X5	0.207346	0.181528	1.142226	0.2756

R-squared	0.990423	Mean dependent var	2535.998
Adjusted R-squared	0.986433	S.D. dependent var	281.3751
S.E. of regression	32.77396	Akaike info criterion	10.07835
Sum squared resid	12889.59	Schwarz criterion	10.37514
Log likelihood	-84.70513	Hannan-Quinn criter.	10.11927
F-statistic	248.2066	Durbin-Watson stat	2.568278
Prob(F-statistic)	0.000000		

图 4.32　湖北省主粮产量模型变量与方程显著性综合检验结果

可以看出，决定系数 $R^2=0.990\ 423$ 较高，模型整体的 F 检验显著，但解释变量 X_3、X_4、X_5的 t 检验不显著，甚至 X_4的回归参数$\widehat{\beta}_4=-13.329\ 58$ 不符合经济意义，这些特征说明模型存在共线性。

(3)逐步回归法处理共线性。

①确定一元基本模型。利用 EViews 构建 Y 与 X_1、X_2、X_3、X_4、X_5的相关系数矩阵，如图 4.33 所示。

Correlation						
	Y	X1	X2	X3	X4	X5
Y	1.000000	0.984707	0.936890	-0.177891	-0.646173	-0.848590
X1	0.984707	1.000000	0.895360	-0.257538	-0.697314	-0.857638
X2	0.936890	0.895360	1.000000	-0.181507	-0.625680	-0.892066
X3	-0.177891	-0.257538	-0.181507	1.000000	0.831599	0.578158
X4	-0.646173	-0.697314	-0.625680	0.831599	1.000000	0.880913
X5	-0.848590	-0.857638	-0.892066	0.578158	0.880913	1.000000

图 4.33　解释变量与被解释变量相关系数矩阵

图中第一列(行)为 Y 与各解释变量的相关系数。其中，$|r_1| = 0.984\ 707$ 为 Y 与 X_1的相关系数，其值最大。因此确定一元基本模型为：

$$Y = \beta_0 + \beta_1 X_1 + \varepsilon$$

OLS 回归结果为：

$$Y = -1\ 039.390 + 0.809\ 960X_1$$
$$t = (-6.553\ 850)(22.608\ 38)$$
$$\bar{R}^2 = 0.967\ 750\ ,\ F = 511.138\ 7,\ \mathrm{DW} = 1.408\ 676$$

模型的 $\bar{R}^2$ 值较高，t 检验、F 检验均显著，DW 检验无 1 阶自相关。

②确定二元基本模型。将其他解释变量 X_2、X_3、X_4、X_5逐一引入一元基本模型，回归数据如表 4.4 所示。

表 4.4　二元基本模型回归数据

模型	C	X_1	X_2	X_3	X_4	X_5	$\bar{R}^2$	DW
$f(X_1,\ X_2)$	−465.732 2 (−2.503 576)	0.604 898 (10.364 84)	0.087 693 (3.924 332)				0.983	1.859
$f(X_1,\ X_3)$	−1 321.920 (−6.420 387)	0.827 136 (24.184 28)		0.658 892 (1.950 101)			0.973	1.784
$f(X_1,\ X_4)$	−1 378.258 (−4.614 315)	0.855 149 (17.511 18)			11.703 53 (1.327 037)		0.969	1.659
$f(X_1,\ X_5)$	−971.269 9 (−2.311 876)	0.799 108 (11.117 89)				−0.014 760 (−0.176 044)	0.966	1.396

将解释变量 X_4、X_5引入一元基本模型后，t 检验不显著，应舍弃。将 X_2、X_3(为对比选择，放宽取 $\alpha = 10\%$)引入后，t 检验、F 检验均显著，DW 检验无 1 阶自相关，$\bar{R}^2$ 值有所升高且 X_2的 $\bar{R}^2 = 0.983$ 略高，可以选取二元基本模型为：

$$Y = \beta_0 + \beta_1 X_1 + \beta_2 X_2 + \varepsilon$$

③确定三元基本模型。将其他解释变量 X_3、X_4、X_5逐一引入二元基本模型，

回归数据如表 4.5 所示。

表 4.5　三元基本模型回归数据

模型	C	X_1	X_2	X_3	X_4	X_5	$\bar{R}^2$	DW
$f(X_1, X_2, X_3)$	-734.640 1 (-3.669 015)	0.631 430 (12.015 86)	0.082 446 (4.170 092)	0.547 070 (2.326 966)			0.987	2.627
$f(X_1, X_2, X_4)$	-806.612 3 (-3.320 500)	0.650 110 (11.173 80)	0.087 862 (4.292 343)		11.811 03 (1.968 970)		0.986	2.494
$f(X_1, X_2, X_5)$	-978.474 0 (-3.917 447)	0.644 821 (12.495 45)	0.119 910 (5.332 796)			0.156 766 (2.642 562)	0.988	2.535

将解释变量 X_4引入二元基本模型后，t 检验不显著，应舍弃。将 X_3、X_5引入后，t 检验、F 检验均显著，DW 检验无 1 阶自相关，$\bar{R}^2$ 值有所升高且 X_5 的 $\bar{R}^2=0.988$ 略高，可以选取三元基本模型为：

$$Y=\beta_0+\beta_1X_1+\beta_2X_2+\beta_5X_5+\varepsilon$$

④确定四元基本模型。将其他解释变量 X_3、X_4逐一引入三元基本模型，回归数据如表 4.6 所示。

表 4.6　四元基本模型回归数据

模型	C	X_1	X_2	X_3	X_4	X_5	$\bar{R}^2$	DW
$f(X_1, X_2, X_5, X_3)$	-1 008.157 (-3.044 755)	0.646 156 (11.897 88)	0.125 637 (2.723 429)	-0.095 432 (-0.143 890)		0.180 184 (1.035 641)	0.987	2.514
$f(X_1, X_2, X_5, X_4)$	-1 005.500 (-3.889 482)	0.632 922 (11.337 95)	0.137 545 (3.859 870)		-8.858 507 (-0.647 275)	0.243 198 (1.658 513)	0.987	2.512

将解释变量 X_3、X_4引入二元基本模型后，t 检验不显著，应舍弃。

至此，并无适当的四元基本模型存在，以三元基本模型为湖北省主要粮食产量最终模型：

$$\hat{Y}=-978.474\ 0+0.644\ 821X_1+0.119\ 910X_2+0.156\ 766X_5$$

$$\hat{R}^2=0.987\ 867\ ,\ F=462.360\ 6,\ \mathrm{DW}=2.535\ 455$$

(4)需要说明的几个问题。

①逐步回归法未必完全消除共线性，由图 4.31 可知，X_1、X_2和 X_5之间具有高度共线性，但最终模型中依旧包括了它们。

②逐步回归的过程中，各元基本模型的选择并不一定唯一，尤其是 $\bar{R}^2$ 差异不大时，可进行不同路径的试探、处理，最终比对择优，上面的过程不妨看作一个演示。

③最终模型中的回归参数大多缺乏通常的经济意义。如 $\widehat{\beta}_1 = 0.644\ 821$，就不宜解释为播种面积 X_1 对主粮产量 Y 的单独影响，因为 X_1 中融入了其他解释变量的影响。相应地，未曾出现的变量，如化肥用量 X_3，绝不可以说对主粮产量 Y 毫无贡献。

习题四

1. 自相关的阶的含义是什么？写出 3 阶自相关的表达式。

2. 何种数据的模型中常常出现自相关现象？引起自相关的原因有哪些？

3. 何种数据的模型中常常出现异方差现象？异方差的不良影响主要有哪些？

4. 对随机误差项 ε_i 的计量检测，如自相关、异方差等，为什么改用残差项 e_i 代替？

5. 二元模型 $Y=\beta_0+\beta_1X_1+\beta_2X_2+\varepsilon$ 中，X_1、X_2 的回归参数的 OLS 结果可写成：

$$\widehat{\beta_1}=\frac{\sum x_{1i}y_i\cdot\sum x_{2i}^2-\sum x_{2i}y_i\cdot\sum x_{1i}x_{2i}}{(1-r^2)\sum x_{1i}^2\sum x_{2i}^2}$$

$$\widehat{\beta_2}=\frac{\sum x_{2i}y_i\cdot\sum x_{1i}^2-\sum x_{1i}y_i\cdot\sum x_{1i}x_{2i}}{(1-r^2)\sum x_{1i}^2\sum x_{2i}^2}$$

其中，$x_{1i}=X_{1i}-\overline{X}_1$，$x_{2i}=X_{2i}-\overline{X}_2$，$y_i=Y_i-\overline{Y}$，$r$ 是 X_1、X_2 的相关系数。

当 $r=\pm1$ 时，估计模型会存在什么问题？当 $|r|\to1$ 时，估计模型又存在什么问题？

6. 引起共线性的原因有哪些？共线性模型的外在表现有哪些？

7. 为什么说共线性问题难以避免？实际工作中应如何对待？如何看待共线性最终模型回归参数的经济意义？

8. 例 4.4 的我国居民食品烟酒支出模型存在 1 阶自相关，试用杜宾估计法，按以下思想，在 EViews 中实现模型的估计与检验

(1)估计 $\varepsilon_t=\rho\varepsilon_{t-1}+\mu_t$ 中的相关系数 ρ。

为此，估计动态模型为：

$$\mathrm{PC}_t=\beta_0+\alpha\mathrm{PC}_{t-1}+\beta_1\mathrm{PI}_t+\beta_2\mathrm{PI}_{t-1}+\varepsilon_t$$

估计结果中，PC_{t-1} 的回归参数 $\hat{\alpha}$ 的结果正好是 ρ。

(2)将 ρ 代入广义差分方程：

$$\mathrm{PC}_t-\rho\,\mathrm{PC}_{t-1}=\beta_0(1-\rho)+\beta_1(\mathrm{PI}_t-\rho\,\mathrm{PI}_{t-1})+\mu_t$$

估计之，再求出 $\widehat{\beta_0}$、$\widehat{\beta_1}$，且对估计结果进行 LM 再检验(或 PAC 再检验)。

9. 根据凯恩斯绝对收入消费理论，居民人均消费支出(用 CS 表示)受到人均可支配收入(用 INC 表示)的绝对影响。表 4.7 所示是 1982—1993 年美国居民 CS 与 INC 的数据，其中每年分为 Q1—Q4 四个季度。

表 4.7 1982—1993 年美国居民 CS 与 INC 数据

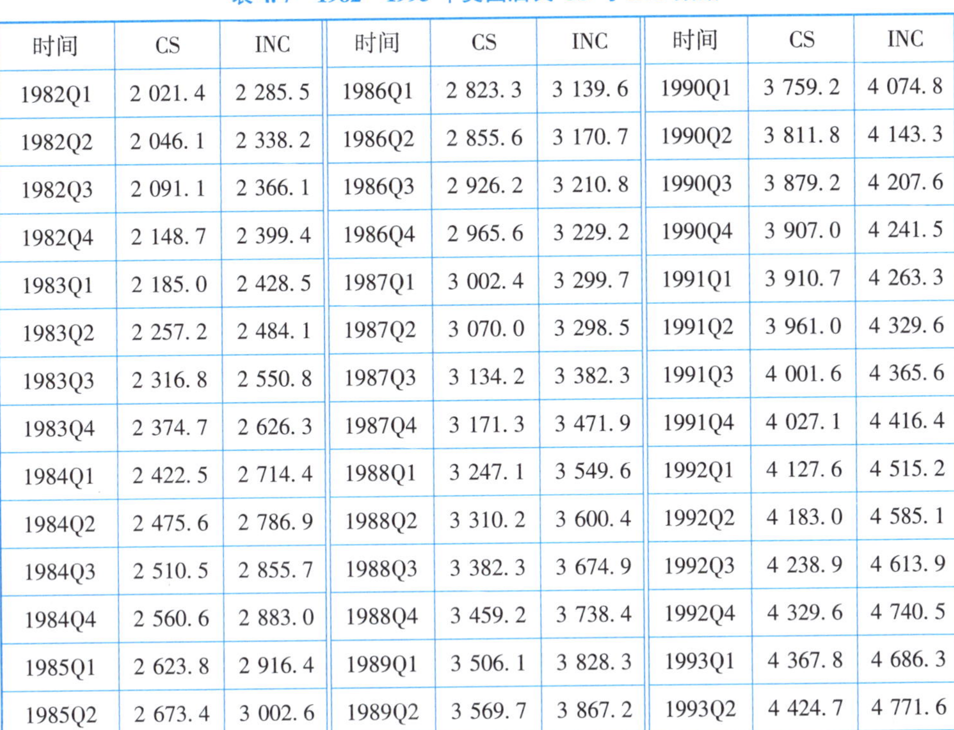

时间	CS	INC	时间	CS	INC	时间	CS	INC
1982Q1	2 021.4	2 285.5	1986Q1	2 823.3	3 139.6	1990Q1	3 759.2	4 074.8
1982Q2	2 046.1	2 338.2	1986Q2	2 855.6	3 170.7	1990Q2	3 811.8	4 143.3
1982Q3	2 091.1	2 366.1	1986Q3	2 926.2	3 210.8	1990Q3	3 879.2	4 207.6
1982Q4	2 148.7	2 399.4	1986Q4	2 965.6	3 229.2	1990Q4	3 907.0	4 241.5
1983Q1	2 185.0	2 428.5	1987Q1	3 002.4	3 299.7	1991Q1	3 910.7	4 263.3
1983Q2	2 257.2	2 484.1	1987Q2	3 070.0	3 298.5	1991Q2	3 961.0	4 329.6
1983Q3	2 316.8	2 550.8	1987Q3	3 134.2	3 382.3	1991Q3	4 001.6	4 365.6
1983Q4	2 374.7	2 626.3	1987Q4	3 171.3	3 471.9	1991Q4	4 027.1	4 416.4
1984Q1	2 422.5	2 714.4	1988Q1	3 247.1	3 549.6	1992Q1	4 127.6	4 515.2
1984Q2	2 475.6	2 786.9	1988Q2	3 310.2	3 600.4	1992Q2	4 183.0	4 585.1
1984Q3	2 510.5	2 855.7	1988Q3	3 382.3	3 674.9	1992Q3	4 238.9	4 613.9
1984Q4	2 560.6	2 883.0	1988Q4	3 459.2	3 738.4	1992Q4	4 329.6	4 740.5
1985Q1	2 623.8	2 916.4	1989Q1	3 506.1	3 828.3	1993Q1	4 367.8	4 686.3
1985Q2	2 673.4	3 002.6	1989Q2	3 569.7	3 867.2	1993Q2	4 424.7	4 771.6
1985Q3	2 742.3	3 013.9	1989Q3	3 627.3	3 912.2	1993Q3	4 481.0	4 804.1
1985Q4	2 779.6	3 075.0	1989Q4	3 676.1	3 970.2	1993Q4	4 543.0	4 895.3

(1)试建立美国居民人均消费支出模型，并对模型存在的问题进行分析处理。

(2)已知 $CS_{1994Q1}=4\ 599.2$，$INC_{1994Q1}=4\ 856.9$，根据模型求计算$\widehat{CS}_{1994Q1}$，且计算预测误差率。

10. 分析我国 2015 年规模以上工业企业主营收入与主营利润之间的关系，相关数据如表 4.8 所示。

表 4.8 我国 2015 年规模以上工业企业主营收入与主营利润

（单位：亿元）

行业	主营收入	主营利润	行业	主营收入	主营利润
煤炭开采和洗选	23 770.31	327.03	医药	25 729.53	2653.09
石油天然气开采	7 908.52	656.59	化学纤维	7 206.21	287.82
黑色金属矿采选	7 207.49	522.31	橡胶和塑料制品	31 015.89	1 938.87
有色金属矿采选	6 234.91	460.74	非金属矿物制品	58 877.11	3 682.09
非金属矿采选	5 414.6	429.04	黑色金属冶炼	63 001.33	588.56

续表

行业	主营收入	主营利润	行业	主营收入	主营利润
开采辅助活动	1 739.96	13.45	有色金属冶炼	51 367.23	1 576.68
其他采矿	24.58	1.76	金属制品	37 257.26	2 213.14
农副食品加工	65 378.24	3 469.13	通用设备	47 039.64	3 076.53
食品	21 957.58	1 843.67	专用设备	35 873.75	2 061.32
酒、饮料、茶	17 373.35	1 782.00	汽车	71 069.40	5 810.26
烟草制品	9 340.79	1 212.74	铁路船舶航空等	19 087.69	1 048.84
纺织	39 986.96	2 194.04	电气机械和器材	69 183.18	4 433.36
纺织服装、服饰	22 232.83	1 345.67	计算机、电子等	91 606.58	4 143.94
皮革等	14 659.82	1 008.08	仪器仪表	8 741.75	704.76
木材加工等	13 907.42	869.28	其他	2 771.98	172.88
家具	7 880.67	510.47	废弃资源利用	3 770.88	194.16
造纸和纸制品	13 942.34	752.25	金属制品、机械	963.78	43.24
印刷和记录媒介	7 401.81	564.95	电力热力产供	56 625.81	4 534.93
文体工美娱乐等	15 879.78	932.84	燃气产供	6 343.74	471.61
石油加工等	34 604.49	753.02	水的产供	1 909.23	111.51
化学原料和制品	83 564.54	4 529.21			

数据来源：《中国统计年鉴》。

试建立 2015 年中国规模以上工业企业主营利润模型，并对模型存在的问题进行分析处理。

11. 随着经济的发展和生活水平的提高，国内购买私人载客汽车的家庭日渐增多。研究我国私人载客汽车新增量时，根据一般经济理论，考虑的影响因素包括居民人均可支配收入、等级公路里程、消费价格指数、总人口等，相关数据如表 4.9 所示。

表 4.9　影响因素的相关数据

年份	新注册私人载客汽车/万辆	人均可支配收入/元	等级公路里程/万千米	消费价格指数（2002 年 = 100）	总人口/万人
2002	229.46	4 532	138.29	100.00	128 453
2003	316.09	5 007	143.87	101.20	129 227
2004	333.23	5 661	151.58	105.15	129 988
2005	415.75	6 385	159.18	107.04	130 756

续表

年份	新注册私人载客汽车/万辆	人均可支配收入/元	等级公路里程/万千米	消费价格指数（2002 年 = 100）	总人口/万人
2006	467. 87	7 229	228. 29	108. 65	131 448
2007	500. 00	8 584	253. 54	113. 87	132 129
2008	622. 68	9 957	277. 85	120. 59	132 802
2009	1 024. 86	10 977	305. 63	119. 75	133 450
2010	1 254. 69	12 520	330. 47	123. 70	134 091
2011	1 369. 45	14 551	345. 36	130. 38	134 916
2012	1 524. 88	16 510	360. 96	133. 77	135 922
2013	1 752. 30	18 311	375. 56	137. 25	136 726
2014	1 936. 68	20 167	390. 08	140. 00	137 646
2015	2 120. 28	21 966	404. 63	141. 96	138 326
2016	2 464. 81	23 821	422. 65	144. 80	139 232
2017	2 480. 24	25 974	433. 86	147. 12	140 011
2018	2 313. 94	28 228	446. 59	150. 21	140 541
2019	2 184. 59	30 733	469. 87	154. 57	141 008

数据来源：《中国统计年鉴》。

试建立我国私人载客汽车新增量模型，并对模型存在的问题进行分析处理。

第五章　联立模型

在前面几章中，我们讨论的都是单方程模型，研究了单向的一因一果或多因一果的因果关系。在一个经济系统中，经济变量之间的关系错综复杂，往往互为因果，其因果关系需要通过多个方程形成一个方程组，才能完整地描述。这种模型称为联立方程式模型(simultaneous equations model)，简称联立模型。

例如，下面是货币供应量 M_t 与国内生产总值 Y_t 模型：

$$\begin{cases} M_t = a_0 + a_1 Y_t + a_2 P_t + \varepsilon_{1t} \\ Y_t = \beta_0 + \beta_1 M_t + \beta_2 G_t + \beta_3 I_t + \varepsilon_{2t} \end{cases}$$

它描述了 M_t 与 Y_t 之间深切、紧密的联系，以及复杂的因果关系。除了互为因果相互影响，模型还揭示了物价指数 P_t 对货币供应量 M_t 的影响，政府支出 G_t 、投资 I_t 对国内生产总值 Y_t 的影响。

联立模型中讨论的主要问题就是模型的识别、估计和检验。借鉴线性方程组的基本理论，可以帮助我们理解联立模型中的相关结论。

第一节　联立模型的概念

一、联立模型中的变量

1. 内生变量

一个经济系统内在的、必要的组成要素往往与经济系统之间相互影响，起着互为因果的作用，这些要素称为内生变量(endogenous variable)。

【例 5.1】在一个简单的凯恩斯宏观经济模型中，国民总收入 Y_t 、社会总消费 C_t 、社会总投资 I_t 、政府公共消费 G_t 等多个经济因素彼此之间有因果关系，可以表达为：

$$\begin{cases}\text{消费方程：} C_t = \alpha_0 + \alpha_1 Y_t + \varepsilon_{1t} \\ \text{投资方程：} I_t = \beta_0 + \beta_1 Y_t + \beta_2 Y_{t-1} + \varepsilon_{2t} \\ \text{收入方程：} Y_t = C_t + I_t + G_t \end{cases} \tag{5.1}$$

社会总消费 C_t 是宏观经济系统的内在组成要素。一方面，C_t 受到 Y_t 的直接影响，受到 I_t、G_t 的间接影响；另一方面，C_t 也影响 Y_t、I_t 等其他组成要素。

在式(5.1)所描述的宏观经济系统中，C_t、I_t、Y_t 都是内生变量。

内生变量既受到随机因素的影响，充当被解释变量，起“果”的作用(方程左端)，又充当解释变量，起“因”的作用(方程右端)。

即期之前时间的内生变量，称为滞后内生变量。例如，式(5.1)中的 Y_{t-1} 表示上一年度的国民总收入。

2. 外生变量

不属于经济系统的内在组成要素，由系统之外的因素所决定，对系统产生单向的影响，这些要素称为外生变量(exogenous variable)。

在式(5.1)中，政府公共消费 G_t 不属于宏观经济系统的内在组成要素，即便某年无政府公共消费支出($G_t = 0$)，宏观经济系统虽受影响，但照样运行。G_t 取决于经济系统之外，与货币政策、税收政策等政府手段作用类似，对宏观经济系统起调控作用。

外生变量不受随机因素的影响，充当解释变量，起“因”的作用(方程右端)。

即期之前时间的外生变量，如 G_{t-1}，称为滞后外生变量。

3. 前定(先决)变量

滞后内生变量、外生变量、滞后外生变量不受即期模型的影响，统称为前定变量或先决变量(predetermined variable)。

在式(5.1)所描述的宏观经济系统中，G_t、Y_{t-1} 为前定变量。

二、联立模型中的方程

1. 随机方程

随机方程是指表达系统中经济因素之间因果关系、技术关系，或经济指标的相关关系所构成的方程，包括行为方程和技术方程。

在式(5.1)中，消费方程、投资方程都是随机方程。

其中，表达经济系统中各经济因素的经济行为关系的行为方程最为基本。例如，式(5.1)中的投资方程：

$$I_t = \beta_0 + \beta_1 Y_t + \beta_2 Y_{t-1} + \varepsilon_{2t}$$

自然而直接地体现了社会总投资 I_t 与国民总收入 Y_t 和滞后国民总收入 Y_{t-1} 的动态因果关系，表达了三者的行为关系。

2. 恒等方程

恒等方程是指经济因素之间明确的数量关系所构成的方程。恒等方程一般为经济指标所定义，或由指标之间的关系所规定。

例如，式(5.1)中的收入方程是恒等方程。再如，净投资=期末资本存量-期初资本存量，此方程也是恒等方程。

3. 联立模型的完备性

联立模型中的方程应具有线性无关性、不可替代性，这就要求方程之间不能线性互表。模型中内生变量数与线性无关的方程数相等时，称模型具有完备性。在完备的联立模型中，每个内生变量唯一一次充当被解释变量，分别对应一个方程，由系统中的其他变量对其进行解释。

式(5.1)中有三个内生变量和三个线性无关的方程具有完备性。本章在讨论联立模型时，都要求模型是完备的。

三、联立模型的类型

内生变量是结构模型中的基本研究对象，它对模型的影响是与其他内生变量交织在一起的，难以单独区分。外生变量的参数，则直接体现了外生变量对所在方程被解释的内生变量的影响程度。

有时，为了研究经济系统受到前定变量，尤其是外生变量的影响，需对联立模型进行结构上的调整。

1. 结构式模型及其矩阵形式

根据经济理论所建立的描述经济系统中各经济因素之间因果关系的方程系统，称为结构式模型(structural model)，结构式模型中的参数称为结构参数。

对于式(5.1)表示的结构式模型，为了分类变量，调整其结构，将内生变量集中对齐，前定变量集中对齐。其中，截距项视为取值恒为 1 的前定变量。式(5.1)变形为如下的标准形式：

$$
\begin{cases}
\overbrace{C_t \qquad\qquad - \alpha_1 Y_t}^{\text{内生变量}} & \overbrace{- \alpha_0 \qquad\qquad\qquad}^{\text{前定变量}} = \varepsilon_{1t} \\
\qquad I_t \quad - \beta_1 Y_t & - \beta_0 \quad - \beta_2 Y_{t-1} \qquad = \varepsilon_{2t} \\
- C_t \quad - I_t \quad + Y_t & \qquad\qquad\qquad - G_t = 0
\end{cases}
$$

对应的矩阵形式为：

$$
\begin{pmatrix} 1 & 0 & -\alpha_1 \\ 0 & 1 & -\beta_1 \\ -1 & -1 & 1 \end{pmatrix}
\begin{pmatrix} C_t \\ I_t \\ Y_t \end{pmatrix} +
\begin{pmatrix} -\alpha_0 & 0 & 0 \\ -\beta_0 & -\beta_2 & 0 \\ 0 & 0 & -1 \end{pmatrix}
\begin{pmatrix} 1 \\ Y_{t-1} \\ G_t \end{pmatrix} =
\begin{pmatrix} \varepsilon_{1t} \\ \varepsilon_{2t} \\ 0 \end{pmatrix} \tag{5.2}
$$

记为：

$$BY + \Gamma X = N \tag{5.3}$$

其中：

$$B = \begin{pmatrix} 1 & 0 & -\alpha_1 \\ 0 & 1 & -\beta_1 \\ -1 & -1 & 1 \end{pmatrix}, \ Y = \begin{pmatrix} C_t \\ I_t \\ Y_t \end{pmatrix}, \ \Gamma = \begin{pmatrix} -\alpha_0 & 0 & 0 \\ -\beta_0 & -\beta_2 & 0 \\ 0 & 0 & -1 \end{pmatrix}, \ X = \begin{pmatrix} 1 \\ Y_{t-1} \\ G_t \end{pmatrix}, \ N = \begin{pmatrix} \varepsilon_{1t} \\ \varepsilon_{2t} \\ 0 \end{pmatrix}$$

含 g 个内生变量 Y_1，Y_2，…，Y_g 和 k 个前定变量 X_1，X_2，…，X_k 的一般联立模型由 g 个方程构成，其标准形式(其中 $X_1 \equiv 1$ 时，表示模型含截距项)为：

$$\begin{cases} \overbrace{\gamma_{11} Y_{1t} + \gamma_{21} Y_{2t} + \cdots + \gamma_{g1} Y_{gt}}^{g\text{个内生变量}} + \overbrace{\delta_{11} X_{1t} + \delta_{21} X_{2t} + \cdots + \delta_{k1} X_{kt}}^{k\text{个前定变量}} = \varepsilon_{1t} \\ \gamma_{12} Y_{1t} + \gamma_{22} Y_{2t} + \cdots + \gamma_{g2} Y_{gt} + \delta_{12} X_{1t} + \delta_{22} X_{2t} + \cdots + \delta_{k2} X_{kt} = \varepsilon_{2t} \\ \vdots \\ \gamma_{1g} Y_{1t} + \gamma_{2g} Y_{2t} + \cdots + \gamma_{gg} Y_{gt} + \delta_{1g} X_{1t} + \delta_{2g} X_{2t} + \cdots + \delta_{kg} X_{kt} = \varepsilon_{gt} \end{cases}$$

对应矩阵形式为：

$$\begin{pmatrix} \gamma_{11} & \gamma_{21} & \cdots & \gamma_{g1} \\ \gamma_{12} & \gamma_{22} & \cdots & \gamma_{g2} \\ \vdots & \vdots & & \vdots \\ \gamma_{1g} & \gamma_{2g} & \cdots & \gamma_{gg} \end{pmatrix} \begin{pmatrix} Y_{1t} \\ Y_{2t} \\ \vdots \\ Y_{gt} \end{pmatrix} + \begin{pmatrix} \delta_{11} & \delta_{21} & \cdots & \delta_{k1} \\ \delta_{12} & \delta_{22} & \cdots & \delta_{k2} \\ \vdots & \vdots & & \vdots \\ \delta_{1g} & \delta_{2g} & \cdots & \delta_{kg} \end{pmatrix} \begin{pmatrix} X_{1t} \\ X_{2t} \\ \vdots \\ X_{kt} \end{pmatrix} = \begin{pmatrix} \varepsilon_{1t} \\ \varepsilon_{2t} \\ \vdots \\ \varepsilon_{gt} \end{pmatrix}$$

仍记为式(5.3)的形式。

2. 简化式模型

在结构式模型的标准形式基础上，通过调整模型形式，使得所有解释变量均为前定变量，称为简化式模型(reduced form model)。换言之，所有内生变量都为被解释变量，而不再充当解释变量，这一点与结构式模型中内生变量兼任解释、被解释变量的双重身份不同。

当式(5.3)表示的联立模型完备时，矩阵 $\boldsymbol{B}$ 的逆矩阵 $\boldsymbol{B}^{-1}$ 存在，由之可得：

$$Y = -B^{-1}\Gamma X + B^{-1}N \tag{5.4}$$

简记为：

$$Y = \Pi X + U$$

式(5.4)的右端全为前定变量充当解释变量，即式(5.3)的简化式。

【例 5.2】讨论模型 $\begin{cases} Y_{1t} = \alpha_0 + \alpha_1 Y_{2t} + \alpha_2 X_{1t} + \varepsilon_{1t} \\ Y_{2t} = \beta_0 + \beta_1 Y_{1t} + \beta_2 X_{2t} + \varepsilon_{2t} \end{cases}$ 的简化式。

模型有两个内生变量 Y_{1t}、Y_{2t}，两个前定变量 X_{1t}、X_{2t}，另含截距项。

结构式模型的标准形式为 $\boldsymbol{BY} + \boldsymbol{\Gamma X} = \boldsymbol{N}$，其中：

$$B=\begin{pmatrix}1 & -\alpha_1\\ -\beta_1 & 1\end{pmatrix},\ Y=\begin{pmatrix}Y_{1t}\\ Y_{2t}\end{pmatrix},\ \Gamma=\begin{pmatrix}-\alpha_0 & -\alpha_2 & 0\\ -\beta_0 & 0 & -\beta_2\end{pmatrix},\ X=\begin{pmatrix}1\\ X_{1t}\\ X_{2t}\end{pmatrix},\ N=\begin{pmatrix}\varepsilon_{1t}\\ \varepsilon_{2t}\end{pmatrix}$$

根据简化式的定义，其形式为：

$$\begin{cases}Y_{1t}=\pi_{10}+\pi_{11}X_{1t}+\pi_{12}X_{2t}+\mu_{1t}\\ Y_{2t}=\pi_{20}+\pi_{21}X_{1t}+\pi_{22}X_{2t}+\mu_{2t}\end{cases} \tag{5.5}$$

可以求得 $B^{-1}=\dfrac{1}{1-\alpha_1\beta_1}\begin{pmatrix}1 & \alpha_1\\ \beta_1 & 1\end{pmatrix}$，由式(5.4)，有：

$$\Pi=-B^{-1}\Gamma=\frac{1}{1-\alpha_1\beta_1}\begin{pmatrix}\alpha_0+\alpha_1\beta_0 & \alpha_2 & \alpha_1\beta_2\\ \alpha_0\beta_1+\beta_0 & \alpha_2\beta_1 & \beta_2\end{pmatrix}$$

可以看出，简化式模型系数与原结构式模型系数的对应关系：

$$\begin{cases}\pi_{10}=\dfrac{\alpha_0+\alpha_1\beta_0}{1-\alpha_1\beta_1},\ \pi_{11}=\dfrac{\alpha_2}{1-\alpha_1\beta_1},\ \pi_{12}=\dfrac{\alpha_1\beta_2}{1-\alpha_1\beta_1}\\ \pi_{20}=\dfrac{\alpha_0\beta_1+\beta_0}{1-\alpha_1\beta_1},\ \pi_{21}=\dfrac{\alpha_2\beta_1}{1-\alpha_1\beta_1},\ \pi_{22}=\dfrac{\beta_2}{1-\alpha_1\beta_1}\end{cases} \tag{5.6}$$

结构式模型具有鲜明的经济意义，但其参数体系不仅受到当前方程的影响（包括随机因素），还受到整个模型的影响，难以单独估计而缺乏计量意义。

简化式模型正好相反，简化式泯灭了经济因素之间的因果关系，丧失了原有的经济意义，其参数体系称为影响乘数(impactmultipliers)，度量了前定变量单位变动对每个内生变量的不同影响。

例如，简化式(5.5)中，回归参数 $\hat{\pi}_{11}$、$\hat{\pi}_{12}$ 分别表示前定变量 X_{1t}、X_{2t} 对内生变量 Y_{1t} 的单独影响。

第二节　联立模型的识别

一、模型识别性的概念

在线性方程组中，一个基本的问题就是讨论解的存在性。联立模型也是由多个方程构成的方程组，其解的存在性问题，就是模型的识别性。

线性方程组的解分成三种情况：无解、唯一解、无穷多解。联立模型的识别性也分成三种情况：不可识别、恰好识别、过度识别。

经济计量问题比纯粹的数学问题复杂太多，求解面临多种困难。两者有相似之处，可资借鉴，但处理方法差异重大。

联立模型中的一个结构式方程，要呈现经济系统内在的一个因果关系，需满足以下要求。

(1)唯一性。联立模型的每一个方程表达经济系统中的一个因果关系，具有独特性，不可或缺，不可被取代。

(2)系统性。经济系统中所有的因果关系，模型中应通过方程全面体现，无遗漏，无偏废。

(3)结构性。具有经济意义、经济因素影响的变量、变量组合及其函数形式一旦确立，不得更改。

联立模型的识别性与完备性，就是这些要求的具体体现。接下来，再说明几个相关的概念。

1. 方程统计形式的异同

方程的统计形式，是指在特定的经济意义下，变量及其函数形式的结构。

若两个方程除了参数符号、随机误差项符号不同，方程的经济意义、变量及其函数形式完全相同，则称这两个方程具有相同的统计形式。

【例 5.3】设 X_1、X_2、X_3、Y 为经济变量，α、β、θ 表示参数，ε、μ、υ 表示随机误差项。在同一经济系统中，以下方程哪些具有相同的统计形式？

(1) $Y=\alpha_0+\alpha_1X_1+\alpha_2X_2+\mu$。

(2) $Y=\beta_0+\beta_1X_1+\beta_2X_2+\varepsilon$。

(3) $(\alpha_1-2\alpha_2)Y=(\alpha_{10}-2\alpha_{20})+\alpha_{21}X_1+(\alpha_{12}+\alpha_{22})X_2+(2\beta_1\varepsilon_1+3\varepsilon_2)$。

(4) $Y=\alpha_{10}+(2\alpha_{11}-\alpha_{21})X_1+(\alpha_{12}X_3+\alpha_{22})X_2+(2\alpha_{21}\varepsilon_1+3\alpha_{10}\varepsilon_2)$。

(5) $Y=\beta_0+\beta_1X_1+\beta_2X_3^{\ 2}+\varepsilon$。

方程(1)和方程(2)显然具有相同的统计形式。

对于方程(3)，两端同除以$(\alpha_1-2\alpha_2)$，再令：

$$\theta_0=\frac{\alpha_{10}-2\alpha_{20}}{\alpha_1-2\alpha_2},\ \theta_1=\frac{\alpha_{21}}{\alpha_1-2\alpha_2},\ \theta_2=\frac{\alpha_{12}+\alpha_{22}}{\alpha_1-2\alpha_2},\ \upsilon=\frac{2\beta_1\varepsilon_1+3\varepsilon_2}{\alpha_1-2\alpha_2}$$

将参数、随机误差项代换后，结果为：

$$Y=\theta_0+\theta_1X_1+\theta_2X_2+\upsilon$$

可以看出，方程(3)与方程(1)、方程(2)统计形式完全相同。

需要注意，所做的形式变换，不得破坏原有的因果关系、变量意义，以及变量的函数形式。变换只针对参数组合、随机误差项组合进行，且这些组合中不得包含变量。

下面分析方程(4)、方程(5)。

对于方程(4)，如果令 X_2的系数 $\theta_2=\alpha_{12}X_3+\alpha_{22}$，将破坏 X_3作为解释变量的因果关系。

对于方程(5)，如果令 $X_2=X_3^2$，既破坏 X_2、X_3原有的经济意义，又破坏 X_3的函数形式。

因此方程(4)、方程(5)的统计形式不同，也与方程(1)和方程(2)的统计形式不同。

2. 方程的识别性

如果某个方程的统计形式，通过模型中所有方程的任意线性组合都不能得出，则称该方程可识别。

如果某个方程的统计形式，可以通过模型中方程的某种线性组合得出，则称该方程不可识别。

这里的“任意的线性组合”不允许某方程自身取非 0 倍数，其他方程全部取 0 倍数的特定线性组合形式。

方程的识别性，主要涉及该方程中参数的可解性。联立模型中，恒等方程的变量参数(系数)全部已知，因此论识别性问题只针对随机方程。

方程可识别时，如果其参数有唯一解，则称其恰好识别；如果有多个解，则称其过度识别。

【例 5.4】讨论模型中消费方程、投资方程的可识别性：

$$\begin{cases}\text{消费方程：} C_t = \alpha_0 + \alpha_1 Y_t + \varepsilon_{1t} \\ \text{投资方程：} I_t = \beta_0 + \beta_1 Y_t + \beta_2 Y_{t-1} + \varepsilon_{2t} \\ \text{收入方程：} Y_t = C_t + I_t \end{cases} \tag{5.7}$$

用“k_1 · 消费方程+k_2 · 投资方程+k_3 · 收入方程”进行线性组合：

$$\begin{aligned} & k_1 C_t + k_2 I_t + k_3 Y_t \\ = & k_1(\alpha_0 + \alpha_1 Y_t + \varepsilon_{1t}) + k_2(\beta_0 + \beta_1 Y_t + \beta_2 Y_{t-1} + \varepsilon_{2t}) + k_3(C_t + I_t) \end{aligned}$$

合并变量、截距项、随机误差项得：

$$\begin{aligned} & (k_1 - k_3) C_t + (k_2 - k_3) I_t + (k_3 - k_1\alpha_1 - k_2\beta_1) Y_t - k_2\beta_2 Y_{t-1} \\ & - (k_1\alpha_0 + k_2\beta_0) - (k_1\varepsilon_{1t} + k_2\varepsilon_{2t}) = 0 \end{aligned} \tag{5.8}$$

欲得消费方程的相同统计形式，式(5.8)首先不能含 Y_{t-1} 项，必须取 $k_2 = 0$；其次不能含 I_t 项，必须取 $k_2 - k_3 = 0$，从而 $k_3 = k_2 = 0$。

这就是说，只有“k_1 · 消费方程+0 · 投资方程+0 · 收入方程”这种不允许的特定组合，才能得到与消费方程相同的统计形式。换言之，模型中所有方程的线性组合，都不能得到与消费方程相同的统计形式，所以消费方程可识别。

欲得到与投资方程相同的统计形式，式(5.8)不能含 C_t 项，这只需 $k_1 = k_3 \neq 0$，$k_2 \neq 0$、k_3 即可。

例如，取 $k_1 = k_3 = 1$，$k_2 = 2$ 的“1 · 消费方程+2 · 投资方程+1 · 收入方程”的线性组合，式(5.8)可整理为：

$$I_t = (\alpha_0 + 2\beta_0) + (\alpha_1 + 2\beta_1 - 1) Y_t + (2\beta_2) Y_{t-1} + (\varepsilon_{1t} + 2\varepsilon_{2t})$$

再对参数、随机误差项进行代换，即可得到与投资方程相同的统计形式：

$$I_t = \theta_0 + \theta_1 Y_t + \theta_2 Y_{t-1} + \mu_{2t} \tag{5.9}$$

因此投资方程不可识别。

下面从经济学的角度对方程的不可识别性进行解读。对投资方程、式(5.9)分别估计，回归参数 $\widehat{\beta}_0$、$\widehat{\beta}_1$、$\widehat{\beta}_2$ 与 $\widehat{\theta}_0$、$\widehat{\theta}_1$、$\widehat{\theta}_2$ 必定相同。但后者是多个方程线性组合后的综合结果，如 $\theta_1 = \alpha_1 + 2\beta_1 - 1$，对照式(5.7)，已无明确经济意义，这就同时意味着 $\widehat{\beta}_0$、$\widehat{\beta}_1$、$\widehat{\beta}_2$ 的经济意义也不明确。

因此，当某个方程不可识别时，就意味着其参数估计结果在经济意义上具有不明确性。

顺便说明一下，针对联立模型中方程的可识别性的判别问题，我们也可从简化式参数体系[式(5.6)]可解性的无解、有唯一解、有多个解这三种状况，判断方程是不可识别、恰好识别，还是过度识别。

3. 联立模型的可识别性

联立模型的所有方程都可识别时，称模型可识别。反之，若联立模型中存在一个方程不可识别，则称模型不可识别。

在式(5.7)中，由于投资方程不可识别，因此式(5.7)不可识别。

4. 残余变量、残余方程组

残余变量是指从联立模型中划去当前方程所包含的所有变量后，模型中剩下的变量。

残余方程组是指从联立模型中划去当前方程、当前方程所包含的所有变量后，模型中剩下的变量和方程所构成的方程组。

特别说明，残余方程组是联立模型识别性判断过程中的一个中间结果，并无实质性的经济意义。

【例 5.5】讨论式(5.7)中，消费方程和投资方程的残余变量、残余方程组。

(1)为讨论方便，将式(5.7)改写为标准形式：

$$\begin{cases} \text{消费方程：} & C_t & & -\alpha_1 Y_t & -\alpha_0 & & =\varepsilon_{1t} \\ \text{投资方程：} & & I_t & -\beta_1 Y_t & -\beta_0 & -\beta_2 Y_{t-1} & =\varepsilon_{2t} \\ \text{收入方程：} & -C_t & -I_t & +Y_t & & & =0 \end{cases}$$

(2)先从联立模型中划去消费方程中所包含的所有变量 C_t、Y_t、截距项，残余变量为剩下的 I_t、Y_{t-1} 两个。再划去消费方程自身，其残余方程组为：

$$\begin{cases} I_t & -\beta_2 Y_{t-1} & =\varepsilon_{2t} \\ -I_t & & =0 \end{cases} \tag{5.10}$$

对应的残余矩阵形式为：

$$(\boldsymbol{B}_1 \quad \boldsymbol{\Gamma}_1)=\begin{pmatrix} 1 & -\beta_2 \\ -1 & 0 \end{pmatrix},\ \boldsymbol{N}_1=\begin{pmatrix} \varepsilon_{2t} \\ 0 \end{pmatrix}$$

(3)用类似方法，可得投资方程的残余变量为 C_t。

残余方程组为：

$$\begin{cases} C_t = \varepsilon_{1t} \\ -C_t = 0 \end{cases} \tag{5.11}$$

对应的残余矩阵形式为：

$$(\boldsymbol{B}_2 \quad \boldsymbol{\Gamma}_2) = \begin{pmatrix} 1 \\ -1 \end{pmatrix}, \ \boldsymbol{N}_2 = \begin{pmatrix} \varepsilon_{1t} \\ 0 \end{pmatrix}$$

式(5.10)的两个方程可以求解，具有相容性，意味着消费方程可识别。而式(5.11)的两个方程是矛盾的，无相容性，意味着投资方程不可识别。

用定义去判断联立模型的可识别性极其不便，下面介绍的联立模型可识别的阶条件、秩条件，就是利用残余变量、残余方程组进行的简便易行的判断方法。

数学背景知识

在线性方程组 $\boldsymbol{AX}=\boldsymbol{B}$ 中，变量共 n 个，线性无关的方程共 r 个。线性方程组有解的必要条件是：$n \geqslant r$。

二、联立模型可识别的阶条件

联立模型中某个方程可识别的必要条件是：残余变量数 ⩾ 残余方程数。

上述结论称为联立模型可识别的阶条件。设联立模型的变量总数(含截距项)为 m，方程总数(同时也是内生变量数)为 g。

当前方程的变量数(含截距项)为 m_i。残余变量数为 $m-m_i$，残余方程数为 $g-1$，当前方程可识别的必要条件就是：$m-m_i \geqslant g-1$。

【例 5.6】用阶条件讨论式(5.7)中消费方程、投资方程的可识别性。

模型中，变量为 C_t、I_t、Y_t、Y_{t-1}，截距项为 α_0、β_0(同一类量)，变量总数 $m=5$，方程总数(内生变量数)$g=3$。

对于消费方程，$m_1=3$，残余变量数$(m-m_1)=2 \geqslant$ 残余方程数$(g-1)=2$，满足必要条件，但其可识别性需进一步认定。

对于投资方程，$m_2=4$，残余变量数$(m-m_2)=1<$残余方程数$(g-1)=2$，不满足必要条件，所以投资方程不可识别。

阶条件使用简单方便，但它只是必要条件，可以用来判断方程的不可识别性，而由之得出可识别的结论必定是不严谨的。

数学背景知识

线性方程组 $\boldsymbol{AX}=\boldsymbol{B}$ 有解的充要条件，是系数矩阵 $\boldsymbol{A}$ 与增广矩阵$(\boldsymbol{A}\ \boldsymbol{B})$等秩：

$$r(\boldsymbol{A}) = r(\boldsymbol{A}\ \boldsymbol{B}) = \text{秩}\ r$$

有解时：

(1)方程组的变量数 $n=r$，则有唯一解；

(2)方程组的变量数 $n>r$，则有无穷多解。

三、联立模型可识别的秩条件

设联立模型：

$$\boldsymbol{BY}+\boldsymbol{\Gamma X}=\boldsymbol{N}$$

共有 m 个变量，其中 g 个内生变量（g 个方程），k 个前定变量，$m=g+k$。与线性方程组 $\boldsymbol{AX}=\boldsymbol{B}$ 对应的形式为：

$$(\boldsymbol{B}\ \boldsymbol{\Gamma})\begin{pmatrix}\boldsymbol{Y}\\ \boldsymbol{X}\end{pmatrix}=\boldsymbol{N}$$

设第 i 个方程共有 m_i 个变量，内生变量 g_i 个，前定变量 k_i 个，$m_i=g_i+k_i$。

第 i 个方程的残余方程组的矩阵形式为：

$$\boldsymbol{B}_i\boldsymbol{Y}_i+\boldsymbol{\Gamma}_i\boldsymbol{X}_i=\boldsymbol{N}_i$$

为便于对应理解，从形式上仿照线性方程组解的存在性结论，也改为 $\boldsymbol{AX}=\boldsymbol{B}$ 的对应形式：

$$(\boldsymbol{B}_i\quad \boldsymbol{\Gamma}_i)\begin{pmatrix}\boldsymbol{Y}_i\\ \boldsymbol{X}_i\end{pmatrix}=\boldsymbol{N}_i$$

联立模型中，第 i 个方程可识别的充要条件是残余系数矩阵（$\boldsymbol{B}_i\quad \boldsymbol{\Gamma}_i$）与残余增广矩阵（$\boldsymbol{B}_i\quad \boldsymbol{\Gamma}_i\quad \boldsymbol{N}_i$）等秩，且为残余方程数 $g-1$：

$$r(\boldsymbol{B}_i\quad \boldsymbol{\Gamma}_i)=r(\boldsymbol{B}_i\quad \boldsymbol{\Gamma}_i\quad \boldsymbol{N}_i)=g-1$$

当第 i 个方程可识别时：

(1)若残余变量数 $m-m_i=g-1$，则第 i 个方程恰好识别；

(2)若残余变量数 $m-m_i>g-1$，则第 i 个方程过度识别。

根据 $m=g+k$，$m_i=g_i+k_i$，上面的条件(1)、(2)的等价形式为：

(3)$(g+k)-(g_i+k_i)=g-1$，则第 i 个方程恰好识别；

(4)$(g+k)-(g_i+k_i)>g-1$，则第 i 个方程过度识别；

(5)$k-k_i=g_i-1$，则第 i 个方程恰好识别；

(6)$k-k_i>g_i-1$，则第 i 个方程过度识别。

实际工作中，判断第 i 个方程的可识别性时，只需检验残余系数矩阵的秩 $r(\boldsymbol{B}_i\quad \boldsymbol{\Gamma}_i)=g-1$ 成立即可，不必计算 $r(\boldsymbol{B}_i\quad \boldsymbol{\Gamma}_i\quad \boldsymbol{N}_i)=g-1$。

上述结论称为联立模型可识别的秩条件。下面通过例子，说明秩条件的运用。

【例 5.7】用秩条件讨论式(5.1)的可识别性。

(1)联立模型变量总数 $m=6$（含截距项），方程总数（内生变量数）$g=3$。其结构式模型的标准形式[式(5.2)]的系数阵为：

$$(\boldsymbol{B}\ \boldsymbol{\Gamma})=\left(\begin{array}{ccc:ccc}1 & 0 & -\alpha_1 & -\alpha_0 & 0 & 0\\ 0 & 1 & -\beta_1 & -\beta_0 & -\beta_2 & 0\\ -1 & -1 & 1 & 0 & 0 & -1\end{array}\right)$$

(2)对于消费方程，变量数 $m_1=3$(含截距项)。

划去消费方程对应的第一行，划去消费方程的变量列(即消费方程的系数非0列)：

$$\left(\begin{array}{ccc:ccc} \cancel{1} & 0 & -\alpha_1 & \cancel{-\alpha_0} & 0 & 0 \\ \cancel{0} & 1 & \cancel{-\beta_1} & \cancel{-\beta_0} & -\beta_2 & 0 \\ \cancel{-1} & -1 & \cancel{1} & \cancel{0} & 0 & -1 \end{array}\right)$$

残余方程组的系数矩阵为：

$$(\boldsymbol{B}_1 \quad \boldsymbol{\Gamma}_1)=\begin{pmatrix} 1 & -\beta_2 & 0 \\ -1 & 0 & -1 \end{pmatrix}$$

因为 $r(\boldsymbol{B}_1 \quad \boldsymbol{\Gamma}_1)=2=g-1$，所以消费方程可识别。

又因为 $m-m_1=3>g-1=2$，所以消费方程过度识别。

(3)对于投资方程，变量数 $m_2=4$(含截距项)。

划去投资方程对应的第二行，划去投资方程的变量列(即投资方程的系数非0列)：

$$\left(\begin{array}{ccc:ccc} 1 & \cancel{0} & -\alpha_1 & -\alpha_0 & \cancel{0} & 0 \\ 0 & \cancel{1} & \cancel{-\beta_1} & \cancel{-\beta_0} & \cancel{-\beta_2} & 0 \\ -1 & \cancel{-1} & \cancel{1} & \cancel{0} & \cancel{0} & -1 \end{array}\right)$$

残余方程组的系数矩阵为：

$$(\boldsymbol{B}_2 \quad \boldsymbol{\Gamma}_2)=\begin{pmatrix} 1 & 0 \\ -1 & -1 \end{pmatrix}$$

因为 $r(\boldsymbol{B}_2 \quad \boldsymbol{\Gamma}_2)=2=g-1$，所以投资方程可识别。

又因为 $m-m_2=2=g-1$，所以投资方程恰好识别。

(4)对于收入方程，其为恒等方程，不存在识别性问题。

综上可知，模型中的所有方程都可识别，所以模型可识别，且过度识别。

四、不可识别联立模型的修正

在对联立模型建模的过程中，不可避免地面临识别性问题。当模型中有不可识别的方程时，修正的基本方法就是增减变量，调整模型的结构。

实际工作中，要描述经济系统中复杂的因果关系，往往会用到几十、成百，甚至上千个方程。为使模型可识别，一条成功的实践经验是，在建立模型的过程中，每一个结构式方程，在方程具有经济意义的前提下，至少包含一个其他方程中没有的变量(内生变量或前定变量均可)。变量实在匮乏时，可人为添加不同的滞后变量进行调节。

第三节 联立模型的估计

联立模型中，内生变量是随机变量，充当解释变量，这违背了确定性解释变量的统计假设。内生变量之间大多有直接或间接的关联，相互影响，这违背了解释变量相互独立的统计假设。各结构方程的随机误差项往往存在同期相关，体现了经济系统复杂因果关系的有机整体性，这违背了随机误差项独立的统计假设。

因此，估计联立模型时，既要全面利用所有变量、方程、随机误差项的总体信息，又要处理随机性解释变量、解释变量与随机误差项的相关性、各方程随机误差项的彼此相关性等问题。这就导致联立模型的估计与前几章介绍的描述一个单向简单因果关系的单方程 OLS 估计相比，在方法上有着重大差异。

联立模型的估计方法分为单方程估计方法和系统估计方法两类。单方程估计方法对每个方程逐一进行估计，将利用模型中其他变量的信息，且要处理随机性解释变量问题。单方程估计方法未对模型的整体信息完全利用，也称为有限信息估计法，包括间接最小二乘法(indirect least squares，ILS)、两阶段最小二乘法(two stage least squares，2SLS)、有限信息最大似然法等。用系统估计方法对模型进行整体估计，能够对模型的整体信息完全利用，该方法也称为完全信息估计法，包括三阶段最小二乘法(three stage least squares，3SLS)、完全信息最大似然法等。

本节主要介绍 ILS、2SLS、3SLS 的基本思想。EViews 中提供这些方法的操作处理，可方便地估计联立模型。

一、间接最小二乘法(ILS)

当联立模型 $\boldsymbol{BY}+\boldsymbol{\Gamma X}=\boldsymbol{N}$ 恰好识别时，首先估计其简化式 $\boldsymbol{Y}=\boldsymbol{\Pi X}+\boldsymbol{U}$ ，然后根据 $\boldsymbol{\Pi}=-\boldsymbol{B}^{-1}\boldsymbol{\Gamma}$ 反解($\boldsymbol{B}\ \boldsymbol{\Gamma}$) 。

【例 5.8】用 ILS 估计模型：

$$\begin{cases} Y_{1t}=\alpha_0+\alpha_1 Y_{2t}+\alpha_2 X_{1t}+\varepsilon_{1t} \\ Y_{2t}=\beta_0+\beta_1 Y_{1t}+\beta_2 X_{2t}+\varepsilon_{2t} \end{cases} \tag{5.12}$$

其中，Y_{1t}、Y_{2t} 为内生变量，X_{1t}、X_{2t} 为前定变量。

容易验证式(5.12)中所有方程都是恰好识别的，其简化式形式为：

$$\begin{cases} Y_{1t}=\pi_{10}+\pi_{11}X_{1t}+\pi_{12}X_{2t}+\mu_{1t} \\ Y_{2t}=\pi_{20}+\pi_{21}X_{1t}+\pi_{22}X_{2t}+\mu_{2t} \end{cases} \tag{5.13}$$

用 OLS 逐一估计简化式(5.13)中的每个方程：

$$\begin{cases} \widehat{Y}_{1t}=\widehat{\pi}_{10}+\widehat{\pi}_{11}X_{1t}+\widehat{\pi}_{12}X_{2t} \\ \widehat{Y}_{2t}=\widehat{\pi}_{20}+\widehat{\pi}_{21}X_{1t}+\widehat{\pi}_{22}X_{2t} \end{cases} \tag{5.14}$$

得到所有的回归参数 $\hat{\pi}_{10}$、$\hat{\pi}_{11}$、$\hat{\pi}_{12}$、$\hat{\pi}_{20}$、$\hat{\pi}_{21}$、$\hat{\pi}_{22}$。

再利用简化式参数体系与原结构式(5.12)参数体系的对应关系[式(5.6)]：

$$\begin{cases}\dfrac{\alpha_0+\alpha_1\beta_0}{1-\alpha_1\beta_1}=\hat{\pi}_{10}, & \dfrac{\alpha_2}{1-\alpha_1\beta_1}=\hat{\pi}_{11}, & \dfrac{\alpha_1\beta_2}{1-\alpha_1\beta_1}=\hat{\pi}_{12} \\ \dfrac{\alpha_0\beta_1+\beta_0}{1-\alpha_1\beta_1}=\hat{\pi}_{20}, & \dfrac{\alpha_2\beta_1}{1-\alpha_1\beta_1}=\hat{\pi}_{21}, & \dfrac{\beta_2}{1-\alpha_1\beta_1}=\hat{\pi}_{22}\end{cases} \tag{5.15}$$

反解式(5.15)，即得结构式(5.12)的参数体系。

一般地，在联立模型中，不可以通过直接估计结构式模型中的每一个方程去求解回归参数。但简化式(5.13)是通过结构式(5.12)变形所得，实现了模型整体的一次综合，且克服了随机性解释变量的问题，所以可以逐一估计每个方程。

ILS 的估计量是 BLUE，在小样本下有偏，在大样本下接近无偏。

ILS 只适用于恰好识别的方程，联立模型中更为普遍的是过度识别的情形，故经常用下面介绍的 2SLS、3SLS。

二、两阶段最小二乘法(2SLS)

2SLS 就是对于可识别的联立模型，无论恰好识别还是过度识别，按以下两个阶段，分别进行两次 OLS 回归：

(1)将每个充当解释变量的内生变量，对所有前定变量进行 OLS 回归，得到该内生变量的拟合值；

(2)对于每个随机方程，将充当解释变量的所有内生变量，用其拟合值代替，再次进行 OLS 回归，得到参数体系。

采用 2SLS 得到结构式模型的参数体系，在小样本下有偏，在大样本下接近无偏。

下面通过一个例子，介绍 2SLS 的具体运用。

【例 5.9】用 2SLS 估计克莱因宏观模型：

$$\begin{cases}\text{消费方程：} C_t=\alpha_0+\alpha_1P_t+\alpha_2P_{t-1}+\alpha_3(WP_t+WG_t)+\varepsilon_{1t} \\ \text{投资方程：} I_t=\beta_0+\beta_1P_t+\beta_2P_{t-1}+\beta_3K_t+\varepsilon_{2t} \\ \text{私企工资方程：} WP_t=\gamma_0+\gamma_1X_t+\gamma_2X_{t-1}+\gamma_3T_t+\varepsilon_{3t} \\ \text{均衡需求等式：} X_t=CU_t+I_t+G_t \\ \text{私企利润等式：} P_t=X_t-TX_t-WP_t \\ \text{资本存量等式：} K_t=K_{t-1}+I_t\end{cases} \tag{5.16}$$

其中，消费 C_t、净投资 I_t、私企工资 WP_t、均衡需求 X_t、私企利润 P_t、期末资本存量 K_t 为内生变量；税收 TX_t、政府非工资支出 G_t、政府工资支出 WG_t、年度时间趋势 I_t 为外生变量；P_{t-1}、X_{t-1}、K_{t-1} 为滞后内生变量。具体数据如表 5.1 所示。

表 5.1　克莱因宏观模型数据

年份	C_t	P_t	WP_t	I_t	K_t	X_t	WG_t	G_t	TX_t	t
1920	39.8	12.7	28.8	2.7	180.1	44.9	2.2	2.4	3.4	-11
1921	41.9	12.4	25.5	-0.2	182.8	45.6	2.7	3.9	7.7	-10
1922	45.0	16.9	29.3	1.9	182.6	50.1	2.9	3.2	3.9	-9
1923	49.2	18.4	34.1	5.2	184.5	57.2	2.9	2.8	4.7	-8
1924	50.6	19.4	33.9	3.0	189.7	57.1	3.1	3.5	3.8	-7
1925	52.6	20.1	35.4	5.1	192.7	61.0	3.2	3.3	5.5	-6
1926	55.1	19.6	37.4	5.6	197.8	64.0	3.3	3.3	7.0	-5
1927	56.2	19.8	37.9	4.2	203.4	64.4	3.6	4.0	6.7	-4
1928	57.3	21.1	39.2	3.0	207.6	64.5	3.7	4.2	4.2	-3
1929	57.8	21.7	41.3	5.1	210.6	67.0	4.0	4.1	4.0	-2
1930	55.0	15.6	37.9	1.0	215.7	61.2	4.2	5.2	7.7	-1
1931	50.9	11.4	34.5	-3.4	216.7	53.4	4.8	5.9	7.5	0
1932	45.6	7.0	29.0	-6.2	213.3	44.3	5.3	4.9	8.3	1
1933	46.5	11.2	28.5	-5.1	207.1	45.1	5.6	3.7	5.4	2
1934	48.7	12.3	30.6	-3.0	202.0	49.7	6.0	4.0	6.8	3
1935	51.3	14.0	33.2	-1.3	199.0	54.4	6.1	4.4	7.2	4
1936	57.7	17.6	36.8	2.1	197.7	62.7	7.4	2.9	8.3	5
1937	58.7	17.3	41.0	2.0	199.8	65.0	6.7	4.3	6.7	6
1938	57.5	15.3	38.2	-1.9	201.8	60.9	7.7	5.3	7.4	7
1939	61.6	19.0	41.6	1.3	199.9	69.5	7.8	6.6	8.9	8
1940	65.0	21.1	45.0	3.3	201.2	75.7	8.0	7.4	9.6	9
1941	69.7	23.5	53.3	4.9	204.5	88.4	8.5	13.8	11.6	10

(1)容易验证，消费方程、投资方程、私企工资方程这三个行为方程都是过度识别的，因此模型可识别且过度识别。

(2)将模型中三个行为方程里充当解释变量的内生变量 P、WP、X、K 逐一对所有前定变量回归，并计算拟合值：

$\widehat{P}_t = 42.926 + 0.523WG_t + 0.509G_t - 0.996TX_t + 0.204T_t - 0.168K_{t-1} + 0.875P_{t-1} - 0.089X_{t-1}$；

$\widehat{WP}_t = 37.163 + 0.036WG_t + 0.910G_t - 0.651TX_t + 0.604T_t - 0.088K_{t-1} +$

$0.936P_{t-1}+0.023X_{t-1}$;

$\widehat{X}_t=80.089+0.560WG_t+1.419G_t-0.646TX_t+0.808T_t-0.257K_{t-1}+1.811P_{t-1}-0.066X_{t-1}$;

$\widehat{K}_t=3.8512-0.717WG_t-0.267G_t+0.261TX_t-0.121T_t+0.890K_{t-1}+0.011P_{t-1}+0.383X_{t-1}$。

(3)将模型中三个行为方程里充当解释变量的内生变量 P、WP、X、K 用其拟合值 $\widehat{P}_t$、$\widehat{WP}_t$、$\widehat{X}_t$、$\widehat{K}_t$ 代替，逐一回归。

消费方程的回归结果如图 5.1 所示。

Variable	Coefficient	Std. Error	t-Statistic	Prob.
C	16.58604	2.617989	6.335413	0.0000
FIT_P	0.006717	0.239186	0.028084	0.9779
P(-1)	0.224405	0.215944	1.039182	0.3133
FIT_WP+WG	0.810512	0.079658	10.17490	0.0000

R-squared	0.926175	Mean dependent var	53.99524
Adjusted R-squared	0.913147	S.D. dependent var	6.860866
S.E. of regression	2.021959	Akaike info criterion	4.415654
Sum squared resid	69.50139	Schwarz criterion	4.614610
Log likelihood	-42.36436	Hannan-Quinn criter.	4.458832
F-statistic	71.09104	Durbin-Watson stat	1.879571
Prob(F-statistic)	0.000000		

图 5.1 消费方程的回归结果

投资方程的回归结果如图 5.2 所示。

Variable	Coefficient	Std. Error	t-Statistic	Prob.
C	19.83024	10.30369	1.924576	0.0712
FIT_P	0.141225	0.241777	0.584112	0.5668
P(-1)	0.622253	0.226285	2.749868	0.0137
FIT_K	-0.155311	0.049312	-3.149533	0.0058

R-squared	0.823270	Mean dependent var	1.266667
Adjusted R-squared	0.792082	S.D. dependent var	3.551948
S.E. of regression	1.619616	Akaike info criterion	3.971899
Sum squared resid	44.59367	Schwarz criterion	4.170856
Log likelihood	-37.70494	Hannan-Quinn criter.	4.015078
F-statistic	26.39732	Durbin-Watson stat	2.071656
Prob(F-statistic)	0.000001		

图 5.2 投资方程的回归结果

私企工资方程的回归结果如图 5.3 所示。

Variable	Coefficient	Std. Error	t-Statistic	Prob.
C	1.494806	2.790915	0.535597	0.5992
FIT_X	0.439908	0.087968	5.000782	0.0001
X(-1)	0.145683	0.095512	1.525292	0.1456
T	0.130140	0.070928	1.834821	0.0841

R-squared	0.939808	Mean dependent var	36.36190
Adjusted R-squared	0.929186	S.D. dependent var	6.304401
S.E. of regression	1.677654	Akaike info criterion	4.042313
Sum squared resid	47.84686	Schwarz criterion	4.241269
Log likelihood	-38.44428	Hannan-Quinn criter.	4.085491
F-statistic	88.47717	Durbin-Watson stat	2.266425
Prob(F-statistic)	0.000000		

图 5.3 私企工资方程的回归结果

模型的估计结果为：

$$\begin{cases}\widehat{CU}_t = 16.586\,04 + 0.006\,717P_t + 0.224\,405P_{t-1} + 0.810\,512(WP_t + WG_t)\\ \widehat{I}_t = 19.830\,24 + 0.141\,225P_t + 0.622\,253P_{t-1} - 0.155\,311K_t\\ \widehat{WP}_t = 1.494\,806 + 0.439\,908X_t + 0.145\,683X_{t-1} + 0.130\,140\,T_t\end{cases}$$

EViews 提供了对模型中的每一个行为方程直接使用两阶段最小二乘法的操作处理(TSLS 命令)，处理结果同上。

此外，EViews 还可以建立系统对象(system)，并在系统对象中指定三个行为方程以及工具变量：

```
CU=C(1)+C(2)*P+C(3)*P(-1)+C(4)*(WP+WG)
I=C(5)+C(6)*P+C(7)*P(-1)+C(8)*K
WP=C(9)+C(10)*X+C(11)*X(-1)+C(12)*T
inst C G WG TX T P(-1) K(-1) X(-1)
```

处理方法选择"Two-Stage Least Squares"，回归结果如图 5.4 所示。

分别将图 5.1、图 5.2、图 5.3 的结果与图 5.4 对比，可以看到结果完全相同。

	Coefficient	Std. Error	t-Statistic	Prob.
C(1)	16.58604	1.487563	11.14981	0.0000
C(2)	0.006717	0.135908	0.049421	0.9608
C(3)	0.224405	0.122701	1.828878	0.0733
C(4)	0.810513	0.045262	17.90699	0.0000
C(5)	19.83024	8.412040	2.357364	0.0223
C(6)	0.141225	0.197389	0.715463	0.4776
C(7)	0.622253	0.184741	3.368247	0.0014
C(8)	-0.155311	0.040259	-3.857790	0.0003
C(9)	1.494774	1.276220	1.171251	0.2469
C(10)	0.439908	0.040226	10.93602	0.0000
C(11)	0.145683	0.043675	3.335588	0.0016
C(12)	0.130140	0.032434	4.012499	0.0002
Determinant residual covariance		0.301546		

Equation: CU = C(1) + C(2)*P + C(3)*P(-1) + C(4)*(WP+WG)
Instruments: C G WG TX T P(-1) K(-1) X(-1)
Observations: 21

R-squared	0.976165	Mean dependent var	53.99524
Adjusted R-squared	0.971958	S.D. dependent var	6.860866
S.E. of regression	1.148893	Sum squared resid	22.43925
Durbin-Watson stat	1.487864		

Equation: I = C(5) + C(6)*P + C(7)*P(-1) + C(8)*K
Instruments: C G WG TX T P(-1) K(-1) X(-1)
Observations: 21

R-squared	0.882205	Mean dependent var	1.266667
Adjusted R-squared	0.861418	S.D. dependent var	3.551948
S.E. of regression	1.322271	Sum squared resid	29.72281
Durbin-Watson stat	2.090556		

Equation: WP = C(9) + C(10)*X + C(11)*X(-1) + C(12)*T
Instruments: C G WG TX T P(-1) K(-1) X(-1)
Observations: 21

R-squared	0.987414	Mean dependent var	36.36190
Adjusted R-squared	0.985193	S.D. dependent var	6.304401
S.E. of regression	0.767151	Sum squared resid	10.00485
Durbin-Watson stat	1.954934		

图 5.4　克莱因宏观模型的 2SLS 的回归结果

三、三阶段最小二乘法(3SLS)

前面介绍的 ILS、2SLS 属于单方程方法。在估计模型时，对模型中的方程逐一进行回归，对模型整体信息只进行了部分利用，如方程之间的关联信息就未用到，因此存在天然不足。

3SLS 属于系统方法，对模型进行整体估计，利用了模型的整体信息，即所谓的“完全信息”方法。3SLS 估计量是一致估计量，一般比 2SLS 估计量更有效。

3SLS 由泽尔纳和泰尔于 1962 年提出，可克服各行为方程的随机误差项同期相关问题，其基本思想是：

第一阶段，估计简化式模型，获得充当解释变量的内生变量的拟合值；

第二阶段，将结构式模型中充当解释变量的内生变量，用其拟合值代替，估计模型，获得随机误差项的方差-协方差矩阵估计量 $\boldsymbol{\Omega}$；

第三阶段，将结构式模型中的所有方程拼装为一个巨型单方程，依据 $\boldsymbol{\Omega}$，用广义最小二乘法克服自相关、异方差，估计模型。

以上第一、第二阶段工作同 2SLS，下面通过一个简单模型来说明第三阶段结构式模型中方程的拼装方法。

【例 5.10】假定模型的样本容量为 n，已完成第一、二阶段工作，现将其拼装为一个单方程模型：

$$\begin{cases} C_t = \alpha_0 + \alpha_1 Y_t + \varepsilon_{1t} & ① \\ I_t = \beta_0 + \beta_1 Y_t + \beta_2 Y_{t-1} + \varepsilon_{2t} & ② \\ Y_t = C_t + I_t + G_t & ③ \end{cases}$$

(1)将结构式模型中的所有方程左端的内生变量(恒等式方程③除外)合并为一个被解释变量：

$$\boldsymbol{Z}_t = \begin{pmatrix} \boldsymbol{C}_t \\ \boldsymbol{I}_t \end{pmatrix} = \begin{pmatrix} C_1 \\ \vdots \\ C_n \\ I_1 \\ \vdots \\ I_n \end{pmatrix}$$

此时，$\boldsymbol{Z}_t$ 由两个内生变量 $\boldsymbol{C}_t$、$\boldsymbol{I}_t$ 拼装所得，样本容量由 n 扩容至 $2n$。Z_1，Z_2，…，Z_n 取值 C_1，C_2，…，C_n；Z_{n+1}，Z_{n+2}，…，Z_{2n} 取值 I_1，I_2，…，I_n。

(2)将结构式模型中的所有方程右端的每一个变量(每个截距项、同名变量均视作不同变量)用一个新变量置换。

方程①：$\boldsymbol{W}_{1t}=\begin{pmatrix}\boldsymbol{\alpha}_0\\ \boldsymbol{0}\end{pmatrix}=\begin{pmatrix}1\\ \vdots\\ 1\\ 0\\ \vdots\\ 0\end{pmatrix}$，$\boldsymbol{W}_{2t}=\begin{pmatrix}\widehat{\boldsymbol{Y}}_t\\ \boldsymbol{0}\end{pmatrix}=\begin{pmatrix}\widehat{Y}_1\\ \vdots\\ \widehat{Y}_n\\ 0\\ \vdots\\ 0\end{pmatrix}$。

方程②：$\boldsymbol{W}_{3t}=\begin{pmatrix}\boldsymbol{0}\\ \boldsymbol{\beta}_0\end{pmatrix}=\begin{pmatrix}0\\ \vdots\\ 0\\ 1\\ \vdots\\ 1\end{pmatrix}$，$\boldsymbol{W}_{4t}=\begin{pmatrix}\boldsymbol{0}\\ \widehat{\boldsymbol{Y}}_t\end{pmatrix}=\begin{pmatrix}0\\ \vdots\\ 0\\ \widehat{Y}_1\\ \vdots\\ \widehat{Y}_n\end{pmatrix}$，$\boldsymbol{W}_{5t}=\begin{pmatrix}\boldsymbol{0}\\ \boldsymbol{Y}_{t-1}\end{pmatrix}=\begin{pmatrix}0\\ \vdots\\ 0\\ Y_0\\ \vdots\\ Y_{n-1}\end{pmatrix}$。

方程①、②中的截距项 α_0、β_0 视作不同变量，用 $\boldsymbol{W}_{1t}$、$\boldsymbol{W}_{3t}$ 置换；

方程①、②中的同名变量 Y_t 视作不同变量，用 $\boldsymbol{W}_{2t}$、$\boldsymbol{W}_{4t}$ 置换；

变量 Y_{t-1} 用 $\boldsymbol{W}_{5t}$ 置换；

此外，充当解释变量的内生变量 Y_t 用其拟合值 $\widehat{Y}_t$ 代替。

(3)随机误差项置换为：$\boldsymbol{N}_t=\begin{pmatrix}\boldsymbol{\varepsilon}_{1t}\\ \boldsymbol{\varepsilon}_{2t}\end{pmatrix}=\begin{pmatrix}\varepsilon_{11}\\ \vdots\\ \varepsilon_{1n}\\ \varepsilon_{21}\\ \vdots\\ \varepsilon_{2n}\end{pmatrix}$。

(4)将原来的联立模型，拼装为一个等价的单方程模型：

$$\boldsymbol{Z}_t=\alpha_0\boldsymbol{W}_{1t}+\alpha_1\boldsymbol{W}_{2t}+\beta_0\boldsymbol{W}_{3t}+\beta_1\boldsymbol{W}_{4t}+\beta_2\boldsymbol{W}_{5t}+\boldsymbol{N}_t$$

下面用广义最小二乘法估计该单方程模型。在 EViews 中，3SLS 的操作步骤同 2SLS。以式(5.16)为例，首先创建系统对象(system)，再指定对象[同式(5.17)]，最后选择估计方法为“Three-Stage Least Squares”，回归结果如图 5.5 所示。

	Coefficient	Std. Error	t-Statistic	Prob.
C(1)	16.45037	1.320307	12.45951	0.0000
C(2)	0.118787	0.111945	1.061117	0.2936
C(3)	0.166943	0.103392	1.614661	0.1126
C(4)	0.790836	0.038236	20.68283	0.0000
C(5)	27.55618	6.786953	4.060170	0.0002
C(6)	-0.020673	0.166191	-0.124391	0.9015
C(7)	0.760976	0.156287	4.869087	0.0000
C(8)	-0.191537	0.032465	-5.899872	0.0000
C(9)	1.783281	1.117757	1.595410	0.1168
C(10)	0.400134	0.032270	12.39947	0.0000
C(11)	0.181902	0.034539	5.266547	0.0000
C(12)	0.149982	0.027998	5.356849	0.0000
Determinant residual covariance		0.289304		

Equation: CU = C(1) + C(2)*P + C(3)*P(-1) + C(4)*(WP+WG)
Instruments: C G WG TX T P(-1) K(-1) X(-1)
Observations: 21

R-squared	0.979988	Mean dependent var	53.99524
Adjusted R-squared	0.976456	S.D. dependent var	6.860866
S.E. of regression	1.052726	Sum squared resid	18.83993
Durbin-Watson stat	1.430473		

Equation: I = C(5) + C(6)*P + C(7)*P(-1) + C(8)*K
Instruments: C G WG TX T P(-1) K(-1) X(-1)
Observations: 21

R-squared	0.823386	Mean dependent var	1.266667
Adjusted R-squared	0.792219	S.D. dependent var	3.551948
S.E. of regression	1.619086	Sum squared resid	44.56445
Durbin-Watson stat	2.010299		

Equation: WP = C(9) + C(10)*X + C(11)*X(-1) + C(12)*T
Instruments: C G WG TX T P(-1) K(-1) X(-1)
Observations: 21

R-squared	0.986236	Mean dependent var	36.36190
Adjusted R-squared	0.983808	S.D. dependent var	6.304401
S.E. of regression	0.802231	Sum squared resid	10.94076
Durbin-Watson stat	2.155451		

图 5.5 克莱因宏观模型的 3SLS 的回归结果

通常，3SLS 比 2SLS 利用模型整体信息更充分，估计结果更有效。

第四节　联立模型的检验

与单方程计量模型一样，对联立模型进行估计之后，需要进行统计检验和计量检验，包括单方程的检验和模型的系统检验两个方面。

一、单方程的检验

前面几章介绍的单方程的检验包括经济意义检验、统计检验（如 R^2 检验、t 检验、F 检验等）、计量检验（如 DW 检验、异方差检验）等，无论是 ILS 结果的简化式，还是 2SLS、3SLS 过程中的简化式都适用。2SLS、3SLS 过程中的简化式是为了寻求内生解释变量的拟合值，一般关注模型整体是否显著，拟合优度值是否较高。

二、模型的系统检验

模型的系统检验就是对模型的整体性态进行检验，对模型进行总体评价，包括拟合误差检验和预测误差检验。

1. 拟合误差检验

根据内生变量 Y_i 的方程，计算其相对均方百分比误差：

$$RMSP_i = \sqrt{\frac{1}{n}\sum_{i=1}^{g}\left(\frac{e_{it}}{Y_{it}}\right)^2}\quad (i = 1,\ 2,\ \cdots,\ g)$$

通常，若所有 $RMSP_i<10\%$，且 $RMSP_i<5\%$ 的内生变量占 70%以上，则认为模型总体拟合效果良好。

否则，若个别 $RMSP_i>10\%$，或者 $RMSP_i>5\%$ 的内生变量只占 30%以上，则需要对模型、数据、估计方法等加以分析，寻找原因。

【例 5.11】计算式（5.16）中的 $RMSP_{CU}$。

参见图 5.1，采用 2SLS 对消费方程的回归结果为：

$$\widehat{CU}_t = 16.586\,0 + 0.006\,7P_t + 0.224\,4P_{t-1} + 0.810\,5(WP_t + WG_t)$$

据此计算 CU_t 的拟合值序列 $\widehat{CU}_t$，可求得残差序列 $e_t = CU_t - \widehat{CU}_t$。

再计算得到：

$$RMSP_{CU} = \sqrt{\frac{1}{n}\sum_{t=1}^{n}\left(\frac{e_t}{CU_t}\right)^2} \approx 1.807\,4\%$$

2. 预测误差检验

根据第 i 个内生变量的预测值 $\hat{Y}_{i0}$、实际值 Y_{i0}，计算相对误差：

$$RE_i = \frac{|\widehat{Y}_{i0} - Y_{i0}|}{Y_{i0}}$$

通常，若所有 $RE_i<10\%$，且 $RE_i<5\%$的内生变量占 70%以上，则认为模型总体预测效果良好。

否则，若个别 $RE_i>10\%$，或者 $RE_i>5\%$的内生变量只占 30%以上，则需要对模型、数据、估计方法等加以分析，寻找原因。

习题五

1. 为什么不宜直接对联立模型中每个方程进行回归来得到参数体系？

2. 某种商品的价格与需求模型为：

$$\begin{cases} P_t = \alpha_0 + \alpha_1 Q_t + \alpha_2 Q_{t-1} + \varepsilon_{1t} \\ Q_t = \beta_0 + \beta_1 P_t + \beta_2 Y_t + \beta_3 I_t + \varepsilon_{2t} \end{cases}$$

其中，P_t为价格，Q_t为需求，Y_t为收入水平，I_t为消费者价格指数。

(1)说明模型中的内生变量、外生变量、前定变量；

(2)写出简化式模型，给出简化式、结构式参数体系的对应表达；

(3)分别用阶条件、秩条件判断模型的可识别性；

(4)说明 ILS、2SLS 可用于估计的方程。

3. 某计量模型如下：

$$\begin{cases} C_t = \alpha_0 + \alpha_1 Y_t + \alpha_2 C_{t-1} + \alpha_3 P_t + \varepsilon_{1t} \\ I_t = \beta_0 + \beta_1 Y_t + \beta_2 Q_t + \varepsilon_{2t} \\ Y_t = \gamma_0 + \gamma_1 Y_{t-1} + \gamma_2 I_t + \varepsilon_{3t} \\ Q_t = \delta_0 + \delta_1 Q_{t-1} + \delta_2 R_t + \varepsilon_{4t} \end{cases}$$

其中，C_t为个人消费，I_t为净资本投入，Y_t为国民收入，Q_t为利润，P_t为生活消费指数，R_t为工业劳动生产率。现使用 2SLS 估计模型进行以下工作：

(1)用秩条件判断模型的可识别性；

(2)说明阶段一应估计的所有方程；

(3)说明阶段二应估计的所有方程。

4. 建立如下凯恩斯收入决定模型：

① $\begin{cases} C_t = \alpha_0 + \alpha_1 Y_t + \alpha_2 C_{t-1} + \varepsilon_{1t} \\ I_t = \beta_0 + \beta_1 Y_t + \varepsilon_{2t} \\ Y_t = C_t + I_t + G_t \end{cases}$，② $\begin{cases} C_t = \alpha_0 + \alpha_1 Y_t + \alpha_2 Y_{t-1} + \varepsilon_{1t} \\ I_t = \beta_0 + \beta_1 Y_t + \varepsilon_{2t} \\ Y_t = C_t + I_t + G_t \end{cases}$

③ $\begin{cases} C_t = \alpha_0 + \alpha_1 Y_t + \alpha_2 Y_{t-1} + \varepsilon_{1t} \\ I_t = \beta_0 + \beta_1 Y_t + \beta_2 I_{t-1} + \varepsilon_{2t} \\ Y_t = C_t + I_t + G_t \end{cases}$

表 5.2 所示为 2000—2015 年我国凯恩斯收入决定模型相关数据。

表 5.2　2000—2015 年我国凯恩斯收入决定模型相关数据

（单位：亿元）

年份	居民消费 C_t	政府消费 G_t	国民总收入 Y_t	固定资产投资 I_t
2000	46 863.3	16 885.6	99 066.1	32 917.70
2001	50 464.7	18 196.5	109 276.2	37 213.50
2002	54 667.0	19 560.5	120 480.4	43 499.90
2003	58 689.9	21 045.1	136 576.3	53 841.15
2004	65 724.8	23 669.7	161 415.4	66 234.97
2005	74 153.7	27 718.8	185 998.9	80 993.58
2006	82 842.4	32 521.9	219 028.5	97 583.07
2007	98 231.3	39 505.8	270 704.0	118 323.17
2008	112 654.7	46 244.5	321 229.5	144 586.76
2009	123 121.9	51 416.7	347 934.9	181 760.35
2010	141 465.5	60 115.9	410 354.1	218 833.61
2011	170 390.8	74 356.5	483 392.8	223 646.12
2012	190 584.8	84 859.1	537 329.0	263 770.25
2013	212 477.3	94 186.4	588 141.2	308 312.37
2014	236 238.5	101 792.7	644 380.2	349 732.24
2015	260 202.4	111 718.2	685 571.2	379 873.02

数据来源：《中国统计年鉴》。

(1)用 2SLS 估计模型①、②、③。

(2)对于每个模型，针对三个内生变量 C_t、I_t、Y_t，计算 $RMSP_C$、$RMSP_I$、$RMSP_Y$，据此说明模型的拟合效果。

(3)已知 2016 年相关的我国宏观经济实际数据为：

$C_{2016}=288\ 668.2$，$G_{2016}=122\ 138.3$，$Y_{2016}=742\ 694.1$，$I_{2016}=406\ 406.37$

对于每个模型，针对三个内生变量 C_t、I_t、Y_t，计算 RE_C、RE_I、RE_Y，据此说明模型的预测效果。

(4)根据上面(2)和(3)的结论，模型①、②、③中，哪个模型更能体现 2000—2015 年我国宏观经济的现实？

第六章 时间序列模型基础

时间序列是重要且广泛存在的经济、金融类现象，研究时间序列，可以了解系统的周期、趋势、振幅等变动规律，预测其未来行为，为决策提供参考。

时间序列面临的两类基本问题是平稳性和伪回归。本章主要介绍常见的时间序列模型——差分自回归移动平均(autoregressive integrated moving average，ARIMA)模型。

第一节 时间序列模型的概念

一、基本概念

1. 时间序列

客观事物的变化分为确定性过程和随机过程。前者可用时间 t 的确定函数描述，如自由落体的加速过程，其特点是过程和结论的可重复性；后者无法用时间 t 的函数形式描述，如每年的财政收入、每日股市的波动等，其特点是过程和结论的不可重复性。

来自随机过程的有序观测值序列 X_1，X_2，…，X_t，…称为时间序列，简记为 $\{X_t\}$，很多时候用通项 X_t代称。

例如，以下的金融活动序列、社会经济总量序列都是时间序列：

(1)逐日(周、旬、月、季等)证券交易的价格 $\{P_t\}$；

(2)历年的基金报酬 $\{F_t\}$；

(3)不同时期的货币供应量 $\{M_t\}$；

(4)历年国民生产总值 $\{GDP_t\}$；

(5)逐月(季、年)的居民消费价格指数 $\{CPI_t\}$；

(6)某省历年居民消费总量 $\{C_t\}$。

时间序列具有随机性，数据由随机过程产生，具有趋势性、周期性、滞后效应等特征。时间序列具有时序性，数据按时序自然呈现，不可改变先后次序，反之，截面数据可任意调整次序，对结果无任何不同影响。

2. 时间序列模型与结构式模型的差异

从经济意义上看，与结构式模型强调经济变量之间的因果关系不同，时间序列模型忽视经济理论所阐述的因果关系，研究经济对象自身随时间变化的规律性。因此，因果关系明确时，可构建结构式模型进行解释和预测。因果关系难以明确，或研究序列自身随时间变化的规律时，可构建时间序列模型进行解释和预测。

从统计性质上看，时间序列数据通常不能满足统计推断中起关键作用的大数定律、中心极限定理的应用条件。

3. 时间序列建模的基本问题

(1)平稳性。

(2)时间序列的结构：X_t 的滞后期、时间趋势项、漂移项等。

(3)随机误差项的结构：ε_t 的滞后期。

(4)多序列之间的关系：X_t、Y_t之间的协整性、伪回归等。

以上问题(1)~(3)是本章的主要内容，后面将较为详尽地进行讨论。

二、时间序列的影响因素

(1)长期趋势：指根本性影响因素，它是时间序列的内核，也是社会经济较长时期内的趋势(惯性)。例如，农业科技的不断发展和应用推动粮食产量持续增加。

(2)季节变动：指季节性变动对经济活动的影响，这类因素并不局限于时间周期，还包括宗教信仰、文化传统、风俗习惯、社会制度等。它常常混淆和掩盖其他经济变化规律，给经济增长和宏观形式的分析造成困扰。例如，在传统节日时，某些食品需求剧增。

(3)周期循环：指某些经济活动呈现出周期性规律，如农产品的蛛网模式。

(4)不规则变动：指难以预测的事件对经济活动的异常影响，如金融危机、政治事件、自然灾害等。

三、时间序列的基本分析工具

对于时间序列 X_t 的讨论，需要借助差分算子、滞后算子才能深入、方便地进行，可将这两种算子理解为对时间序列的一个项或多个项所定义的某种形式变换的运算。

1. 差分算子

差分算子 Δ 的定义：$\Delta X_t = X_t - X_{t-1}$。

差分算子就是计算即期项与滞后一期项之差，称为 1 阶差分，简称差分。

还可根据 Δ 的定义进行延伸：2 阶差分就是对 1 阶差分序列再差分，3 阶差分就是对 2 阶差分序列再差分。

2 阶差分：$\Delta^2 X_t = \Delta(\Delta X_t) = \Delta X_t - \Delta X_{t-1}$。

3 阶差分：$\Delta^3 X_t = \Delta(\Delta^2 X_t) = \Delta^2 X_t - \Delta^2 X_{t-1}$。

此外，在时间序列分析中，也用到 s 阶季节差分，表示即期项与滞后 s 期项之差。类似地，季节差分也可计算高阶形式。

s 阶季节差分：$\Delta_s X_t = X_t - X_{t-s}$。

【例 6.1】已知某时间序列 X_t 片段与差分片段如表 6.1 所示。

表 6.1　某时间序列 X_t 片段与差分片段

时间	…，	t_k，	t_{k+1}，	t_{k+2}，	t_{k+3}，	t_{k+4}，	t_{k+5}，	t_{k+6}，	t_{k+7}，	…
X_t	…，	36，	40，	45，	49，	53，	59，	72，	80，	…
1 阶差分 ΔX_t	…，	4，	5，	4，	4，	6，	3，	8，	…	
2 阶差分 $\Delta^2 X_t$	…，	1，	−1，	0，	2，	−3，	5，	…		
2 阶季节差分 $\Delta_2 X_t$	…，	9，	9，	8，	10，	19，	21，	…		

2. 滞后算子

滞后算子 L 的定义：$\mathrm{L}X_t = X_{t-1}$。

滞后算子根据即期项，求得其滞后一期项。进一步，可根据 L 的定义进行延伸：

(1) $\mathrm{L}^0 X_t = X_t$；

(2) $\mathrm{L}^{-1} X_t = X_{t+1}$；

(3) $\mathrm{L}^2 X_t = \mathrm{L}(\mathrm{L}X_t) = X_{t-2}$；

(4) $\mathrm{L}^n X_t = \mathrm{L}(\mathrm{L}^{n-1} X_t) = X_{t-n}$（$n$ 为整数）。

滞后算子具有以下性质（X_t、Y_t 为时间序列，c、k 为常数，m、n 为整数）：

(1) $\mathrm{L}c = c$；

(2) $\mathrm{L}(kX_t) = k(\mathrm{L}X_t)$；

(3) $\mathrm{L}(X_t + Y_t) = \mathrm{L}X_t + \mathrm{L}Y_t$；

(4) $(\mathrm{L}^m + \mathrm{L}^n)X_t = \mathrm{L}^m X_t + \mathrm{L}^n X_t$；

(5) $\mathrm{L}^m(\mathrm{L}^n X_t) = \mathrm{L}^{m+n}(X_t)$；

(6) $(\mathrm{L}^m)^n(X_t) = \mathrm{L}^{mn}(X_t)$。

【例 6.2】将下列时间序列 X_t、随机误差项序列 ε_t 用滞后算子的形式表示：

(1) $X_t = \varepsilon_t + \theta_1\varepsilon_{t-1} + \theta_2\varepsilon_{t-2} + \theta_3\varepsilon_{t-3}$；

(2) $X_t = \varphi_1 X_{t-1} + \varphi_2 X_{t-2} + \varepsilon_t$。

表达结果如下：

(1) $X_t = (1 + \theta_1 \mathrm{L} + \theta_2 \mathrm{L}^2 + \theta_3 \mathrm{L}^3)\varepsilon_t$，

$$\varepsilon_t = \frac{1}{1 + \theta_1 \mathrm{L} + \theta_2 \mathrm{L}^2 + \theta_3 \mathrm{L}^3} X_t;$$

(2) $(1 - \varphi_1 \mathrm{L} - \varphi_2 \mathrm{L}^2) X_t = \varepsilon_t$，

$$X_t = \frac{1}{1 - \varphi_1 \mathrm{L} - \varphi_2 \mathrm{L}^2} \varepsilon_t。$$

3. 差分算子与滞后算子转换

1 阶差分算子：$\Delta X_t = X_t - X_{t-1} = (1 - \mathrm{L}) X_t$。

n 阶差分算子：$\Delta^n X_t = (1 - \mathrm{L})^n X_t$。

s 阶季节差分：$\Delta_s X_t = X_t - X_{t-s} = (1 - \mathrm{L}^s) X_t$。

差分的 n 阶滞后：$\Delta X_{t-n} = \mathrm{L}^n(\Delta X_t) = \mathrm{L}^n(1 - \mathrm{L}) X_t$。

s 阶季节差分的 n 阶差分：$\Delta_s^n X_t = \Delta^n(X_t - X_{t-s}) = (1 - \mathrm{L})^n(1 - \mathrm{L}^s) X_t$。

第二节　时间序列的平稳性

一、平稳性的概念

1. 含义

时间序列的平稳性是指时间序列的统计规律不随时间变化。但是，现实经济问题中，大多数时间序列的统计规律随时间而改变，是不平稳的，严格意义上的平稳时间序列几乎是不存在的。

若时间序列 X_t 满足以下平稳性的条件，则称它是平稳的(stationary)。

(1) $E(X_t) = \mu$，期望为常量。

(2) $D(X_t) = \sigma^2$，方差为常量。

(3) $\mathrm{Cov}(X_t, X_{t+k}) = \mathrm{Cov}(X_s, X_{s+k}) = \gamma_k$ 只与间隔 k 有关(与时点 s、t 无关)。

由此可知，等期望、等方差、同间隔等自协方差($\gamma_1, \gamma_2, \gamma_3, \cdots, \gamma_k, \cdots$)，是平稳性的三个条件。协方差 $\gamma_k = \mathrm{Cov}(X_s, X_t)$ 是时间序列自身在不同时期的结果，称为自协方差。显然，$\gamma_0 = \sigma^2$。

对于时间序列的经济数据，不平稳是常态。不平稳时，大样本下一致性这个统计推断基础被破坏，引发一系列不良后果，包括 t 统计量不再服从 t 分布、F 统计量不再服从 F 分布、R^2统计量失效、伪回归现象等。

2. 图像特征

图6.1、图6.2、图6.3所示为几种典型平稳与不平稳时间序列的时间变化图。

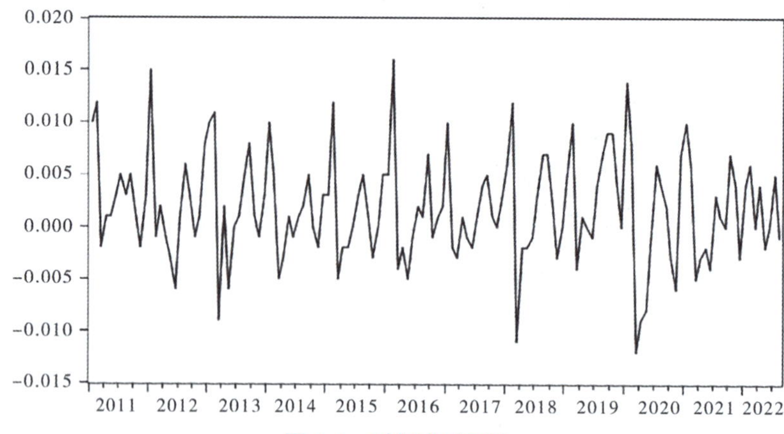

图 6.1　时间序列平稳

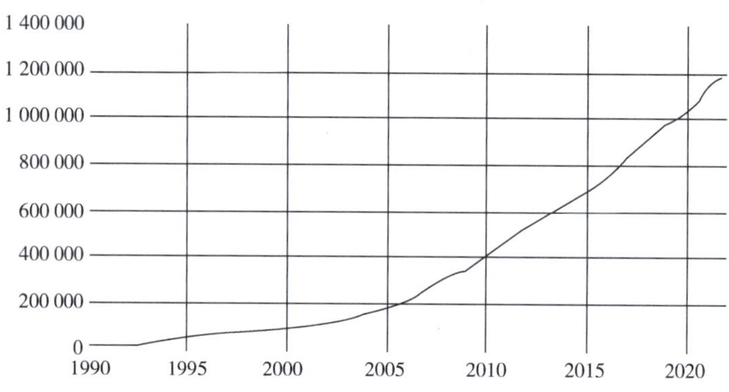

图 6.2　时间序列不平稳：明显的增长趋势

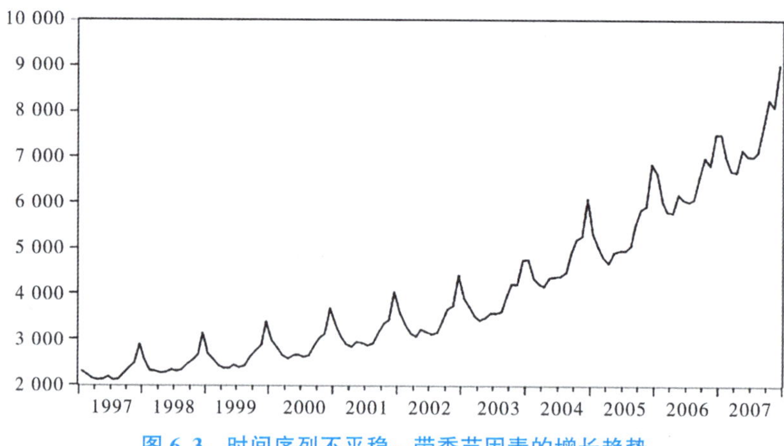

图 6.3　时间序列不平稳：带季节因素的增长趋势

在时间变化图上，平稳的时间序列呈现为 X_t 围绕其均值在一定幅度内上下波动的曲线，图像大同小异。不平稳的时间序列呈现各种发散状态，其形态各异。

3. 单整的概念

对于非平稳时间序列，若其有限次差分序列平稳，则称序列为单整的(integrated)。

X_t 原始时间序列即平稳，称为 0 阶单整，记为 $X_t \sim \mathrm{I}(0)$。

X_t 经过 1 次差分后平稳，称为 1 阶单整，记为 $X_t \sim \mathrm{I}(1)$ 。I(1)序列通常有一个固定的增长趋势，一般不会返回某个特定的值。

X_t 经过 2 次差分后平稳，称为 2 阶单整，记为 $X_t \sim \mathrm{I}(2)$ 。I(2)序列往往具有一个相对不变的增长率。

X_t 经过 d 次差分后平稳，称为 d 阶单整，记为 $X_t \sim \mathrm{I}(d)$ 。

很多宏观经济的流量指标，如全社会总投资，以及与人口规模相联系的存量指标，如就业人口，往往都是 I(1)、I(2)序列。

I(3)及其以上序列较少见，如恶性通胀时期的物价水平。

若序列无论经过多少次差分都不平稳，则称该序列为非单整的(non-integrated)。

二、时间序列的基本类型及其平稳性

我们知道，时间序列产生自随机过程。反过来，随机过程通过时间序列样本来表征与刻划。研究时间序列问题，强调产生过程时称过程，强调样本系列时称序列，强调模型形式时称模型。

时间序列的基本类型包括白噪声(white noise，WN)、移动平均(moving average，MA)、自回归(auto regressive，AR)、自回归移动平均(autoregressive moving average，ARMA)等。

1. 白噪声过程

时间序列 X_t 由一随机过程产生，若满足如下条件，则称该过程为白噪声过程，记为 $\mathrm{WN}(0, \sigma^2)$ 。

(1) 零期望：$E(X)=0$。

(2) 同方差：$D(X_t)=\sigma^2$。

(3) 零自协方差：$\mathrm{Cov}(X_s, X_t)=0(s \neq t)$。

白噪声过程是最基本、最简单的随机过程，它表征了一种绕 0 波动、振幅相同、彼此独立的纯随机现象。

在对时间序列问题的讨论中，总是假定随机误差项 $\varepsilon_t \sim \mathrm{WN}(0, \sigma^2)$ 。

2. 移动平均过程

时间序列 X_t 可表式为一个白噪声序列的线性组合：

$$X_t = \varepsilon_t + \theta_1\varepsilon_{t-1} + \theta_2\varepsilon_{t-2} + \cdots + \theta_q\varepsilon_{t-q},\ \varepsilon_t \sim \mathrm{WN}(0,\ \sigma^2) \tag{6.1}$$

其中，ε_{t-1}，ε_{t-2}，…，ε_{t-q} 等 q 个滞后项为 ε_t 在时间上的移动，系数 θ_1，θ_2，…，θ_q 视为各项的影响权重，故称为 q 阶移动平均过程，记为 MA(q)。

【例 6.3】时间序列 X_t 为 MA(0)过程，即白噪声过程：

$$X_t = \varepsilon_t,\ \varepsilon_t \sim \mathrm{WN}(0,\ \sigma^2) \tag{6.2}$$

根据平稳性定义的三个条件，容易验证它是平稳的。

【例 6.4】某金融债券的收益率序列可近似为 MA(3)过程：

$$X_t = \varepsilon_t + \theta_1\varepsilon_{t-1} + \theta_2\varepsilon_{t-2} + \theta_3\varepsilon_{t-3},\ \varepsilon_t \sim \mathrm{WN}(0,\ \sigma^2) \tag{6.3}$$

下面验证它是平稳的。

(1)等期望。对任意的时点 t，有：

$$\begin{aligned}E(X_t) &= E(\varepsilon_t + \theta_1\varepsilon_{t-1} + \theta_2\varepsilon_{t-2} + \theta_3\varepsilon_{t-3})\\ &= E(\varepsilon_t) + \theta_1E(\varepsilon_{t-1}) + \theta_2E(\varepsilon_{t-2}) + \theta_3E(\varepsilon_{t-3}) = 0\end{aligned} \tag{6.4}$$

(2)等方差。对任意的时点 t，有：

$$\begin{aligned}D(X_t) &= D(\varepsilon_t + \theta_1\varepsilon_{t-1} + \theta_2\varepsilon_{t-2} + \theta_3\varepsilon_{t-3})\\ &= D(\varepsilon_t) + \theta_1^2D(\varepsilon_{t-1}) + \theta_2^2D(\varepsilon_{t-2}) + \theta_3^2D(\varepsilon_{t-3})\\ &= \sigma^2(1 + \theta_1^2 + \theta_2^2 + \theta_3^2) = \gamma_0\end{aligned} \tag{6.5}$$

(3)同间隔等自协方差。对任意的时点 s、t，以及时间间隔 k，需验证：

$$\mathrm{Cov}(X_t,\ X_{t+k}) = \mathrm{Cov}(X_s,\ X_{s+k})$$

为此分别验证 $k=1$、2、3，以及 $k>3$ 时上式成立。过程中利用了 $E(X_t) = 0$ 及 ε_t 为白噪声等结论。

①$k=1$ 时(X_s、X_{s+1} 中有三个公共项 ε_s、ε_{s-1}、ε_{s-2})：

$$\begin{aligned}\gamma_1 &= \mathrm{Cov}(X_s,\ X_{s+1}) = E[X_s - E(X_s)][X_{s+1} - E(X_{s+1})] = E(X_sX_{s+1})\\ &= E[(\varepsilon_s + \theta_1\varepsilon_{s-1} + \theta_2\varepsilon_{s-2} + \theta_3\varepsilon_{s-3})(\varepsilon_{s+1} + \theta_1\varepsilon_s + \theta_2\varepsilon_{s-1} + \theta_3\varepsilon_{s-2})]\\ &= \sigma^2(\theta_1 + \theta_1\theta_2 + \theta_2\theta_3)\end{aligned} \tag{6.6}$$

同样计算得：$\mathrm{Cov}(X_t,\ X_{t+1}) = \sigma^2(\theta_1 + \theta_1\theta_2 + \theta_2\theta_3)$。

②$k=2$ 时(X_s、X_{s+2} 中有两个公共项 ε_s、ε_{s-1})：

$$\begin{aligned}\gamma_2 &= \mathrm{Cov}(X_s,\ X_{s+2}) = E(X_sX_{s+2})\\ &= E[(\varepsilon_s + \theta_1\varepsilon_{s-1} + \theta_2\varepsilon_{s-2} + \theta_3\varepsilon_{s-3})(\varepsilon_{s+2} + \theta_1\varepsilon_{s+1} + \theta_2\varepsilon_s + \theta_3\varepsilon_{s-1})]\\ &= \sigma^2(\theta_2 + \theta_1\theta_3)\end{aligned} \tag{6.7}$$

同样计算得：$\mathrm{Cov}(X_t,\ X_{t+2}) = \sigma^2(\theta_2 + \theta_1\theta_3)$。

③$k=3$ 时(X_s、X_{s+3} 中有一个公共项 ε_s)：

$$\begin{aligned}\gamma_3 &= \mathrm{Cov}(X_s,\ X_{s+3}) = E(X_sX_{s+3})\\ &= E[(\varepsilon_s + \theta_1\varepsilon_{s-1} + \theta_2\varepsilon_{s-2} + \theta_3\varepsilon_{s-3})(\varepsilon_{s+3} + \theta_1\varepsilon_{s+2} + \theta_2\varepsilon_{s+1} + \theta_3\varepsilon_s)]\end{aligned}$$

$$=\sigma^2\theta_3 \tag{6.8}$$

同样计算得：$\mathrm{Cov}(X_t, X_{t+3})=\sigma^2\theta_3$。

④$k>3$ 时（X_s、X_{s+k} 中已没有公共项）：

$$\gamma_k=\mathrm{Cov}(X_s, X_{s+k})=\mathrm{Cov}(X_t, X_{t+k})=0 \tag{6.9}$$

由此可知，MA(3)过程符合平稳性定义，因此是平稳的。

进一步，可以证明，对任意阶 $q>0$，MA(q)是平稳的。

由式(6.4)～式(6.9)，不难推广至 MA(q)的一般情形：

$$E(X_t)=0,\ D(X_t)=\gamma_0=\sigma^2(1+\theta_1^2+\theta_2^2+\cdots+\theta_q^2) \tag{6.10}$$

$$\gamma_k=\begin{cases}(\theta_k+\theta_{k+1}\theta_1+\theta_{k+2}\theta_2+\cdots+\theta_q\theta_{q-k})\sigma^2,\ k=1,\ 2,\ \cdots,\ q\\ 0,\ k>q\end{cases} \tag{6.11}$$

数学背景知识

幂级数为：

$$\frac{1}{1-x}=1+x+x^2+\cdots+x^n+\cdots,\quad |x|<1\text{ 时收敛}$$

滞后算子级数为：

$$\frac{1}{1-G\mathrm{L}}\varepsilon_t=(1+G\mathrm{L}+G^2\mathrm{L}^2+\cdots+G^n\mathrm{L}^n+\cdots)\varepsilon_t$$

$$=\varepsilon_t+G\varepsilon_{t-1}+G^2\varepsilon_{t-2}+\cdots+G^n\varepsilon_{t-n}+\cdots$$

序列 ε_t，ε_{t-1}，ε_{t-2}，… 是有界的，可令 $|\varepsilon_i|\leqslant M$，于是有：

$$|\varepsilon_t+G\varepsilon_{t-1}+\cdots+G^n\varepsilon_{t-n}+\cdots|\leqslant M(1+|G|+\cdots+|G|^n+\cdots)$$

当 $|G|<1$ 时收敛。

3. 自回归过程

时间序列 X_t 可表达为自身滞后项 X_{t-1}，X_{t-2}，…，X_{t-p} 的线性组合：

$$X_t=\varphi_1X_{t-1}+\varphi_2X_{t-2}+\cdots+\varphi_pX_{t-p}+\varepsilon_t,\ \varepsilon_t\sim\mathrm{WN}(0,\ \sigma^2) \tag{6.12}$$

称为 p 阶自回归过程，记为 AR(p)。

用定义讨论 X_t 序列的平稳性，涉及 X_{t-1}，X_{t-2}，…，X_{t-q} 等滞后项的平稳性，这是一个递归问题，讨论较困难。

考虑到 ε_t 为白噪声，具有良好的统计性质，可以利用滞后算子 L 将 AR(p)过程[见式(6.12)]转换成 ε_t 的级数形式(参见例 6.2)，然后进行讨论。

下面先从具体的 AR(1)、AR(2)过程进行讨论。

【例 6.5】讨论 AR(1)过程的平稳性：

$$X_t=\varphi X_{t-1}+\varepsilon_t,\ \varepsilon_t\sim\mathrm{WN}(0,\ \sigma^2) \tag{6.13}$$

(1)滞后算子形式为：

$$(1-\varphi\mathrm{L})X_t=\varepsilon_t \tag{6.14}$$

X_t 用白噪声 ε_t 表出为：

$$X_t = \frac{1}{1-\varphi \mathrm{L}} \varepsilon_t \tag{6.15}$$

由于滞后算子只有 L^n 形式(n 为整数)才有定义，$\frac{1}{1-\varphi \mathrm{L}}$ 无定义，故需将其展为幂级数形式才有意义：

$$\begin{aligned} X_t &= \frac{1}{1-\varphi \mathrm{L}} \varepsilon_t = (1+\varphi \mathrm{L}+\varphi^2 \mathrm{L}^2+\cdots+\varphi^n \mathrm{L}^n+\cdots)\ \varepsilon_t \\ &= \varepsilon_t+\varphi \mathrm{L} \varepsilon_t+\varphi^2 \mathrm{L}^2\ \varepsilon_t+\cdots+\varphi^n \mathrm{L}^n\ \varepsilon_t+\cdots \\ &= \varepsilon_t+\varphi \varepsilon_{t-1}+\varphi^2 \varepsilon_{t-2}+\cdots+\varphi^n \varepsilon_{t-n}+\cdots \end{aligned} \tag{6.16}$$

式(6.15)要展成幂级数(6.16)，必须满足收敛性条件。

(2)为此，需讨论式(6.14)的特征方程与特征根。

式(6.14)左侧的滞后算子表达式对应的方程为：$1-\varphi\lambda=0$，称为特征方程。其根 $\lambda=1/\varphi$，称为特征根。

当 $|\lambda|>1$(即 $|\varphi|<1$)时，式(6.15)方可展成收敛的级数[见式(6.16)]。

(3)至此，当式(6.16)收敛时，用定义来讨论 AR(1)过程的平稳性。

①等期望为：

$$E(X_t)=E(\varepsilon_t+\varphi \varepsilon_{t-1}+\varphi^2 \varepsilon_{t-2}+\cdots+\varphi^n \varepsilon_{t-n}+\cdots)=0$$

②等方差为：

$$\gamma_0=D(X_t)=D(\varepsilon_t+\varphi \varepsilon_{t-1}+\varphi^2 \varepsilon_{t-2}+\cdots+\varphi^n \varepsilon_{t-n}+\cdots)=\frac{1}{1-\varphi^2} \sigma^2$$

③同间隔等自协方差为：

$$\begin{aligned} \gamma_k &= \mathrm{Cov}(X_{t-k},\ X_t)=E[X_{t-k} X_t] \\ &= E[(\varepsilon_{t-k}+\varphi \varepsilon_{t-k-1}+\varphi^2 \varepsilon_{t-k-2}+\cdots+\varphi^n \varepsilon_{t-k-n}+\cdots) \\ &\quad (\varepsilon_t+\varphi \varepsilon_{t-1}+\varphi^2 \varepsilon_{t-2}+\cdots+\varphi^n \varepsilon_{t-n}+\cdots)] \\ &= \frac{\varphi^k}{1-\varphi^2} \sigma^2 \end{aligned} \tag{6.17}$$

因此，当特征根 $|\lambda|>1$ 时，AR(1)过程[见式(6.13)]是平稳的。换言之，当 $|\lambda| \leqslant 1$(即 $|\varphi| \geqslant 1$)时，级数[见式(6.16)]发散，AR(1)过程[见式(6.13)]非平稳。

(4)从上面的讨论中可知，讨论自回归过程 AR(1)的平稳性，等价于讨论特征根绝对值是否大于 1。

对于一般自回归过程，即式(6.12)，特征方程为：

$$1-\varphi_1 \lambda-\varphi_2 \lambda^2-\cdots-\varphi_p \lambda^p=0$$

特征根为 λ_1，λ_2，…，λ_p(可能存在复数根、重根)。理论上已经证明 AR(p)过程[见式(6.12)]平稳的充要条件是所有 $|\lambda_i| > 1$(复数根取模)。

特征根的模>1，即特征根在单位圆外。因此也可以说，AR(p)过程平稳的充要条件是所有特征根在单位圆外。

(5)对 AR 过程的平稳性进行检验时，依据充要条件，任意特征根 $|\lambda_i| \leqslant 1$，则过程非平稳。所以，判断非平稳性比判断平稳性要简便得多。

下面来说明在 $|\lambda_i| \leqslant 1$ 的条件中，不存在 $|\lambda_i| < 1$ 的情形。

以 AR(1)过程为例，如果 $|\lambda| < 1$，意味着 $|\varphi| > 1$。由 $X_t = \varphi X_{t-1}$ 知，X_{t-1} 到 X_t 倍数放大。那么自 X_0 开始，经 X_1，X_2，…，X_{t-1} 逐倍放大，至 $X_t = \varphi^t X_0$，呈几何级数增长。当 $t \to \infty$ 时，$X_t \to \infty$，这在理论上不成立，在实践中不存在。

因此，非平稳性检验就是判断是否存在特征根 $|\lambda| = 1$ 的情形，即所谓的“单位根”检验。

(6)如果自回归过程 AR(p)中含漂移项(即截距项)，则可通过中心化变换将其转化为无漂移项。

如果 AR(p)中含有确定性的时间趋势，则无法通过有限差分手段将其消除，必须移除趋势项(通过增加时间 t 的某种函数形式)，才能进一步讨论。

下面继续介绍其他 AR 过程及其平稳性。

【例 6.6】特伦斯 · C · 米尔斯认为股票收益序列 X_t可近似为：

$$X_t = X_{t-1} + \varepsilon_t,\ \varepsilon_t \sim \mathrm{WN}(0,\ \sigma^2) \tag{6.18}$$

此序列称为随机游走(random walk)，它是 AR(1)过程(见式[6.13)]的 $\varphi = 1$ 的特例。式(6.18)的特征根 $\lambda = 1$ 为单位根，显然不平稳。

修改式(6.18)为其差分形式：$\Delta X_t = \varepsilon_t$。显然，序列 ΔX_t 是平稳的。

另外两种随机游走分别带漂移项、趋势项，过程如下：

$$X_t = \alpha + X_{t-1} + \varepsilon_t,\ \varepsilon_t \sim \mathrm{WN}(0,\ \sigma^2) \tag{6.19}$$

$$X_t = \alpha + \beta t + X_{t-1} + \varepsilon_t,\ \varepsilon_t \sim \mathrm{WN}(0,\ \sigma^2) \tag{6.20}$$

显然，它们也是不平稳的。式(6.19)的差分形式：$\Delta X_t = \alpha + \varepsilon_t$ 显然是平稳的。式(6.20)中去除时间趋势 t 后，差分形式与之相同，也是平稳的，称为退趋势平稳。

【例 6.7】某价值指数的月收益率序列近似为 AR(2)过程：

$$X_t = \varphi_1 X_{t-1} + \varphi_2 X_{t-2} + \varepsilon_t,\ \varepsilon_t \sim \mathrm{WN}(0,\ \sigma^2) \tag{6.21}$$

特征方程为：$1 - \varphi_1\lambda - \varphi_2\lambda^2 = 0$。

复数范围内分解因式为：$(1 - G_1\lambda)(1 - G_2\lambda) = 0$。

特征根为：$\lambda_1 = 1/G_1$，$\lambda_2 = 1/G_2$。

当 $|\lambda_1| > 1$ 且 $|\lambda_2| > 1$（即 $|G_1| < 1$ 且 $|G_2| < 1$）时，AR(2)过程是平稳的。

为简化讨论，说明原理，这里未考虑特征根为重根的情形。

AR(2)过程平稳时，利用有理分式的分解定理，可将 X_t 变换为 ε_t 滞后算子级数形式：

$$
\begin{aligned}
X_t &= \frac{1}{1-\varphi_1 \mathrm{L}-\varphi_2 \mathrm{L}^2}\varepsilon_t = \frac{1}{(1-G_1\mathrm{L})(1-G_2\mathrm{L})}\varepsilon_t \\
&= \left(\frac{A}{1-G_1\mathrm{L}}+\frac{B}{1-G_2\mathrm{L}}\right)\varepsilon_t \\
&= A(1+G_1\mathrm{L}+G_1^2\mathrm{L}^2+\cdots)\varepsilon_t + B(1+G_2\mathrm{L}+G_2^2\mathrm{L}^2+\cdots)\varepsilon_t
\end{aligned}
\tag{6.22}
$$

可见，式(6.21)的平稳与式(6.22)的收敛等价，与所有 $|\lambda_i|>1$ 等价。

4. 自回归移动平均过程

时间序列 X_t，其滞后项、随机误差项 ε_t 及其滞后项的线性组合为：

$$X_t = \varphi_1 X_{t-1} + \varphi_2 X_{t-2} + \cdots + \varphi_p X_{t-p} + \varepsilon_t + \theta_1 \varepsilon_{t-1} + \cdots + \theta_q \varepsilon_{t-q} \tag{6.23}$$

其中，$\varepsilon_t \sim \mathrm{WN}(0,\sigma^2)$。

此过程由 AR(p)、MA(q)两部分复合而来，称为自回归移动平均过程，记为 ARMA(p，q)。

两部分中，MA(q)部分是平稳的，ARMA(p，q)过程的平稳性由 AR(p)部分的平稳性决定。

经过 d 阶单整后平稳的 ARMA(p，q)模型，称为 d 阶单整自回归移动平均过程，记为 ARIMA(p，d，q)。

【例 6.8】某商业存货投资收益率近似为 ARMA(3，2)过程如下：

$$X_t = \varphi_1 X_{t-1} + \varphi_2 X_{t-2} + \varphi_3 X_{t-3} + \varepsilon_t + \theta_1 \varepsilon_{t-1} + \theta_2 \varepsilon_{t-2} \tag{6.24}$$

讨论其平稳性。

该 ARMA(3，2)过程由 AR(3)、MA(2)两部分组成，如果 AR(3)过程平稳，那么 ARMA(3，2)过程也平稳。

第三节　平稳性检验

在 AR、MA、ARMA 等基本的时间序列中，MA 是平稳的，而 ARMA 的平稳性又取决于其中的 AR 部分，因此平稳性检验主要针对 AR 过程。

AR 的平稳性取决于其特征方程是否存在单位根，也称为单位根检验（unit

root test)。比较成熟的单位根检验方法有很多，包括 DF、ADF、DF-GLS、PP、KPSS、NP 检验等，EViews 中提供了这些检验方法。

本节主要介绍常用的 ADF 检验。

一、平稳性的图示法检验

在 EViews 序列对象窗口中，可创建时间序列的时间变化图，较为直观地显示序列的大致平稳性，如图 6.4、图 6.5 所示。

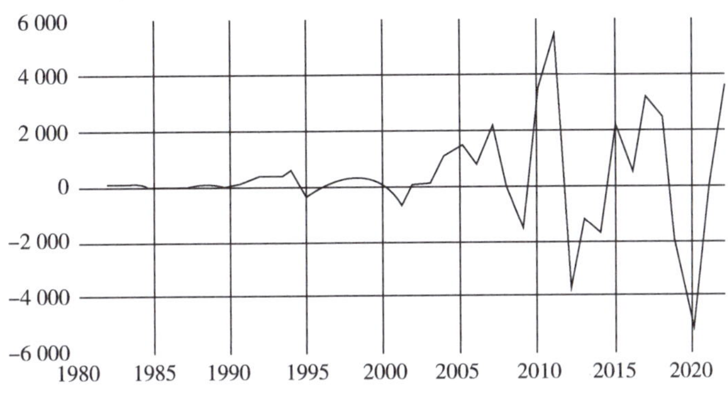

图 6.4　时间序列平稳示例：在 0 水平线波动(无漂移项)

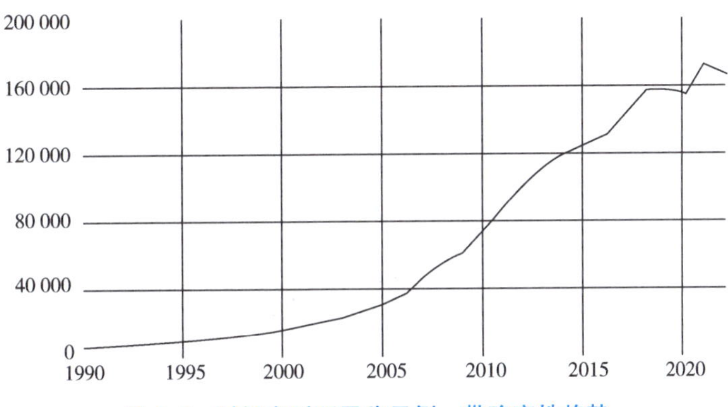

图 6.5　时间序列不平稳示例：带确定性趋势

二、ADF 单位根检验原理

用平稳性定义条件检验时间序列过程，或求解特征方程后判断单位根的方法，极为不便。

ADF 检验(augmented Dickey-Fuller test，增广迪基-富勒检验)是对 DF 检验(Dickey-Fuller test，迪基-富勒检验)的改进，其基本思想是先对模型进行差分变形，再行检验。下面以 AR(4)过程为例，说明其检验原理。

设 AR(4)过程为：

$$X_t = \varphi_1 X_{t-1} + \varphi_2 X_{t-2} + \varphi_3 X_{t-3} + \varphi_4 X_{t-4} + \varepsilon_t,\ \varepsilon_t \sim \mathrm{WN}(0,\ \sigma^2) \tag{6.25}$$

其滞后算子模型为：

$$(1 - \varphi_1 \mathrm{L} - \varphi_2 \mathrm{L}^2 - \varphi_3 \mathrm{L}^3 - \varphi_4 \mathrm{L}^4) X_t = \varepsilon_t \tag{6.26}$$

假定 AR(4)有单位根 $\lambda = 1$，意味着特征方程必有乘积因子($1 - \lambda$)：

$$1 - \varphi_1 \lambda - \varphi_2 \lambda^2 - \varphi_3 \lambda^3 - \varphi_4 \lambda^4 = (1 - \beta_1 \lambda - \beta_2 \lambda^2 - \beta_3 \lambda^3)(1 - \lambda) = 0$$

对应地，式(6.26)可表达为：

$$(1 - \beta_1 \mathrm{L} - \beta_2 \mathrm{L}^2 - \beta_3 \mathrm{L}^3)(1 - \mathrm{L}) X_t = \varepsilon_t$$

利用滞后、差分算子的性质，$(1 - \mathrm{L}) X_t = \Delta X_t$ 以及 $\mathrm{L}^n \Delta X_t = \Delta X_{t-n}$ ，有：

$$(1 - \beta_1 \mathrm{L} - \beta_2 \mathrm{L}^2 - \beta_3 \mathrm{L}^3) \Delta X_t = \varepsilon_t$$

$$\Delta X_t - \beta_1 \Delta X_{t-1} - \beta_2 \Delta X_{t-2} - \beta_3 \Delta X_{t-3} = \varepsilon_t$$

亦即：

$$X_t = X_{t-1} + \beta_1 \Delta X_{t-1} + \beta_2 \Delta X_{t-2} + \beta_3 \Delta X_{t-3} + \varepsilon_t$$

所以，AR(4)过程不平稳，等价于如下情况。

(1)特征方程有因子：$1 - \lambda$。

(2)算子多项式有因子：$1 - \mathrm{L}$。

(3)模型可差分变形为：

$$X_t = X_{t-1} + \beta_1 \Delta X_{t-1} + \beta_2 \Delta X_{t-2} + \beta_3 \Delta X_{t-3} + \varepsilon_t$$

(4)X_{t-1} 的系数 $\rho = 1$：

$$X_t = \rho X_{t-1} + \beta_1 \Delta X_{t-1} + \beta_2 \Delta X_{t-2} + \beta_3 \Delta X_{t-3} + \varepsilon_t \tag{6.27}$$

(5)X_{t-1} 的系数 $\delta = 0$：

$$\Delta X_t = \delta X_{t-1} + \beta_1 \Delta X_{t-1} + \beta_2 \Delta X_{t-2} + \beta_3 \Delta X_{t-3} + \varepsilon_t \tag{6.28}$$

其中，式(6.28)是在式(6.27)的两端同时减去 X_{t-1} ，再令 $\delta = \rho - 1$ 所得。

检验式(6.27)中的 $\rho = 1$，与检验式(6.28)中的 $\delta = 0$，两者等价。人们更习惯进行零检验，针对式(6.28)检验 $\delta = 0$，就是 ADF 检验。

式(6.27)、式(6.28)是对式(6.25)进行差分变形得到的，这带来以下两个好处：

(1)对单位根 $\lambda = 1$ 的检验转化为对 $\delta = 0$ 的检验；

(2)差分变形的滞后项 ΔX_{t-1}、ΔX_{t-2}、ΔX_{t-3} 等弱化了 ε_t 的自相关。

另外，对式(6.25)直接拼凑差分，可导出式(6.25)系数与式(6.28)系数的对应关系：

$$\begin{aligned} X_t &= \varphi_1 X_{t-1} + \varphi_2 X_{t-2} + \varphi_3 X_{t-3} + \varphi_4 X_{t-4} + \varepsilon_t \\ &= (\varphi_1 + \varphi_2 + \varphi_3 + \varphi_4) X_{t-1} \\ &\quad - (\varphi_2 + \varphi_3 + \varphi_4)(X_{t-1} - X_{t-2}) \\ &\quad - (\varphi_3 + \varphi_4)(X_{t-2} - X_{t-3}) \\ &\quad - \varphi_4 (X_{t-3} - X_{t-4}) + \varepsilon_t \end{aligned}$$

两边同减 X_{t-1} ，再引入差分记号：

$$
\begin{aligned}
\Delta X_t = & (\varphi_1 + \varphi_2 + \varphi_3 + \varphi_4 - 1) X_{t-1} \\
& - (\varphi_2 + \varphi_3 + \varphi_4) \Delta X_{t-1} \\
& - (\varphi_3 + \varphi_4) \Delta X_{t-2} \\
& - \varphi_4 \Delta X_{t-3} + \varepsilon_t
\end{aligned}
$$

与式(6.28)对比，系数的对应关系为：

$$
\begin{cases}
\delta = \varphi_1 + \varphi_2 + \varphi_3 + \varphi_4 - 1 \\
\beta_1 = -(\varphi_2 + \varphi_3 + \varphi_4) \\
\beta_2 = -(\varphi_3 + \varphi_4) \\
\beta_3 = -\varphi_4
\end{cases} \tag{6.29}
$$

将式(6.28)和式(6.29)的结论推广至一般形式的 AR(p)过程，见式(6.12)，ADF 检验的基本形式是：

$$\Delta X_t = \delta X_{t-1} + \beta_1 \Delta X_{t-1} + \beta_2 \Delta X_{t-2} + \cdots + \beta_{p-1} \Delta X_{t-(p-1)} + \varepsilon_t \tag{6.30}$$

式(6.12)系数与式(6.30)系数的对应关系是：

$$
\begin{cases}
\delta = \varphi_1 + \varphi_2 + \varphi_3 + \cdots + \varphi_p - 1 \\
\beta_1 = -(\varphi_2 + \varphi_3 + \cdots + \varphi_p) \\
\beta_2 = -(\varphi_3 + \cdots + \varphi_p) \\
\quad \vdots \\
\beta_{p-1} = -\varphi_p
\end{cases} \tag{6.31}
$$

上述系数的对应关系是针对 ADF 检验的原假设 H_0：$\delta<0$，这有助于我们理解以下结论：

(1) AR(p)模型平稳的必要条件是：$\varphi_1 + \varphi_2 + \cdots + \varphi_p < 1$；

(2) AR(p)模型平稳的充分条件是：$|\varphi_1| + |\varphi_2| + \cdots + |\varphi_p| < 1$。

三、检验时考量的问题

1. 检验过程的结构类型

ADF 检验的基本过程见式(6.30)，该过程是基于 $E(X_t) = 0$、无确定趋势的、基本的“干净”情形。实际过程中，常见 $E(X_t) = \mu \neq 0$ 以及含趋势的情形。由此，ADF 检验以式(6.30)为基础，形成下列三种结构类型。

(1)基本结构即式(6.30)，可写为以下形式：

$$\Delta X_t = \delta X_{t-1} + \sum_{i=1}^{m} \beta_i \Delta X_{t-i} \tag{6.32}$$

(2)增加漂移项的结构，即对应 $E(X_t) \neq 0$，可写为以下形式：

$$\Delta X_t = \alpha + \delta X_{t-1} + \sum_{i=1}^{m} \beta_i \Delta X_{t-i} \tag{6.33}$$

(3)增加时间趋势项的结构(去除趋势)，可写为以下形式：

$$\Delta X_t = \alpha + \beta t + \delta X_{t-1} + \sum_{i=1}^{m} \beta_i \Delta X_{t-i} \tag{6.34}$$

进行 ADF 检验时，应该从复杂到简单，顺次从式(6.34)、式(6.33)至式(6.32)进行。

当三个结构都接受 H_0时，即认为存在单位根，时间序列不平稳。三个结构中任意一个拒绝了 H_0，即认为不存在单位根，时间序列平稳。

2. 最大滞后阶数 *m* 的选择

在式(6.32)~式(6.34)中，最后滞后项 ΔX_{t-m} 的阶数 m 对 ADF 检验结果有重大影响。m 值太小，则 ε_t 可能存在自相关，过度拒绝 H_0；m 值太大，则过度接受 H_0。

m 值当然可以根据 AR(p)过程的 p 来确定，但糟糕的是，p 通常未知，也需要被确定。鉴于此，一般通过以下方法进行：

(1)操作时，可选 AIC、BIC、SIC 等信息准则值，m 值由 EViews 自行确定；

(2)施沃特于 1989 年建议 $m=[12\times(n/100)^{1/4}]$，$n$ 为样本容量，$[x]$为对 x 取整。

m 值的大小影响 ADF 检验结构。一个完全正确的结构设定，可使得 ADF 检验结果的残差序列 e_t 为白噪声。

进行 ADF 检验时，如果 m 不由 EViews 自行确定，而是由我们自己指定，那么应对时间序列模型估计结果的残差序列 e_t 进行 LM 检验，判断其是否为白噪声，以验证 m 设定的正确性。

3. 多种检验条件

来自过程(模型)、数据、随机误差项的不同条件和约束，可参照以下方法加以处理。

(1) ε_t 是否存在自相关。若存在，则用 X_t 的差分予以弱化。

(2) ε_t 之间是否存在异方差。若存在，则考虑选用 PP 检验(Phillips-Perron test，菲利普斯-佩容检验)。

(3)样本容量是否充分。为小样本时，可选用 DF-GLS 检验(Dickey-Fuller test with GLS，使用广义最小二乘法去除趋势的检验)。

(4)序列有无结构性变化。若有，则可选用 NP 检验(non parametric test，非参数检验)。

(5)原假设“H_0：存在单位根”是否改为“H_0：无单位根”。若需要，则可选用 KPSS 检验(Kwiatkowski-Phillips-Schmidt-Shin test，利维亚特夫斯基-菲利普斯-施密特-辛检验)。

此外，如果单位根数量不止 1 个，米尔斯于 2002 年指出，ADF 检验会过度

拒绝 H_0，此讨论已超出本书范围，在此不再赘述。

四、ADF 单位根检验的过程

通过 ADF 检验，主要判断时间序列 X_t 是否平稳。不平稳时，则判断 X_t 平稳的单整阶数，以及平稳形式(结构)。

1. 检验思路

(1)检验原始序列是否平稳。若平稳则停止，若不平稳则转步骤(2)。

(2)对时间序列进行 1 阶差分，得到新序列，检验新序列的平稳性。若平稳则停止，若不平稳则转步骤(3)。

(3)对时间序列进行 2 阶差分，得到新序列，检验新序列的平稳性。若平稳则停止。

绝大多数时间序列的 1、2 阶差分已经平稳。如果 2 阶差分仍不平稳，则可创建 3 阶差分为新序列，在此基础上再进行 ADF 检验。

2. 检验策略

在使用 EViews 进行检验时，步骤如下：首先选择“trend and intercept”选项，增加时间趋势项的结构，对应式(6.34)；如不平稳，再选择“intercept”选项，增加漂移项的结构，对应式(6.33)；如仍不平稳，可以选择“none”选项，使用基本结构，对应式(6.32)。

若有某个结构平稳，则记录当前单整阶数，以及结构类型，检验停止。

利用 EViews，对原始序列(level)、1 阶差分(1st difference)、2 阶差分(2st difference)三种数据差分层级，对每种层级的三种结构类型进行 ADF 检验。

3. 单位根的显著性判断

ADF 检验的原假设为 H_0：$\delta=0$，如果 ADF 统计量 τ(数值上等于 t 统计量)小于 ADF 临界值 τ_α，即 $\tau<\tau_\alpha$，则拒绝 H_0，认为不存在单位根，序列平稳。

显著性判断也可利用 ADF 检验的 P 值进行。一般地，$P<\alpha=5\%$时拒绝 H_0，认为不存在单位根，时间序列平稳。

EViews 在 ADF 检验结果中给出了统计量 τ、ADF 临界值、对应 P 值，可以方便地判断显著性。

通过下面的例子，说明时间序列平稳性的 ADF 检验过程。

【例 6.9】检验判断 1990—2022 年我国税收序列的平稳性，相关数据如表 6.2 所示。

表 6.2　1990—2022 年我国税收数据

年份	各项税收 T/亿元	年份	各项税收 T/亿元	年份	各项税收 T/亿元
1990	2 821.86	2001	15 301.38	2012	100 614.28
1991	2 990.17	2002	17 636.45	2013	110 530.70
1992	3 296.91	2003	20 017.31	2014	119 175.31
1993	4 255.30	2004	24 165.68	2015	124 922.20
1994	5 126.88	2005	28 778.54	2016	130 360.73
1995	6 038.04	2006	34 804.35	2017	144 369.87
1996	6 909.82	2007	45 621.97	2018	156 402.86
1997	8 234.04	2008	54 223.79	2019	158 000.46
1998	9 262.80	2009	59 521.59	2020	154 312.29
1999	10 682.58	2010	73 210.79	2021	172 735.67
2000	12 581.51	2011	89 738.39	2022	166 620.10

数据来源：《中国统计年鉴》。

(1)通过图 6.6 所示的中国税收 T_t序列的时间变化图，直观了解其平稳性。

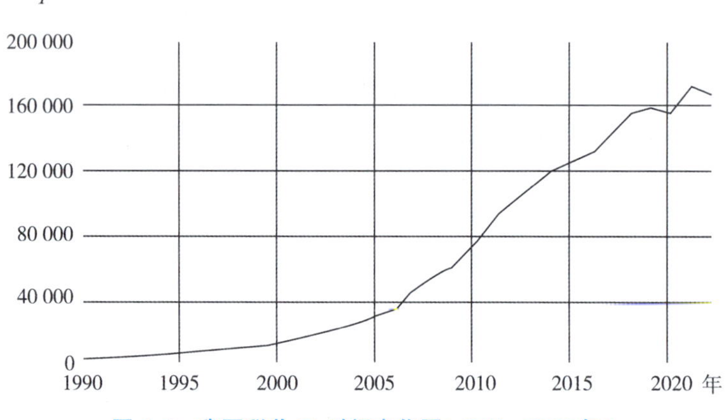

图 6.6　我国税收 T_t 时间变化图(1990—2022 年)

由图 6.6 可知，1990—2022 年我国税收 T_t 序列并未在某条水平线上下波动，而随着时间变化一路向上，呈现鲜明的时间趋势，是不平稳的。

(2)对 T_t 原始序列的三种结构进行检验，对应式(6.32)～式(6.34)。

基本结构为：

$$\Delta T_t = \delta T_{t-1} + \sum_{i=1}^{m} \beta_i \Delta T_{t-i} \tag{6.35}$$

增加漂移项的结构为：

$$\Delta T_t = \alpha + \delta T_{t-1} + \sum_{i=1}^{m} \beta_i \Delta T_{t-i} \tag{6.36}$$

增加时间趋势项的结构为：

$$\Delta T_t = \alpha + \beta t + \delta T_{t-1} + \sum_{i=1}^{m} \beta_i \Delta T_{t-i} \tag{6.37}$$

检验顺序是从式(6.37)、式(6.36)至式(6.35)，顺次检验的结果分别如图6.7、图6.8、图6.9所示，可以看出，这些结果都接受 H_0。其中，滞后期 m 由 EViews 按 SIC 准则自动确定。

		t-Statistic	Prob.*
Augmented Dickey-Fuller test statistic		-3.433299	0.0687
Test critical values:	1% level	-4.356068	
	5% level	-3.595026	
	10% level	-3.233456	

图 6.7　*T* 原始序列 ADF 检验(增加时间趋势项)

		t-Statistic	Prob.*
Augmented Dickey-Fuller test statistic		1.750413	0.9995
Test critical values:	1% level	-3.653730	
	5% level	-2.957110	
	10% level	-2.617434	

图 6.8　*T* 原始序列 ADF 检验(增加漂移项)

		t-Statistic	Prob.*
Augmented Dickey-Fuller test statistic		-1.381975	0.1515
Test critical values:	1% level	-2.647120	
	5% level	-1.952910	
	10% level	-1.610011	

图 6.9　*T* 原始序列 ADF 检验(无时间趋势项、无漂移项)

图6.7中，ADF统计量 $\tau=-3.433\ 299$，$\alpha=5\%$，临界值 $\tau_\alpha=-3.595\ 026$，统计量 $\tau>\tau_\alpha$，可以看出不拒绝 H_0，认为序列 T_t 存在单位根，且按增加时间趋势项结构不平稳。

根据 ADF 检验 P 值，可以判断结论相同。$P=0.068\ 7>\alpha=5\%$，可以看出不拒绝 H_0，认为存在单位根，且是不平稳的。

类似地，可对图6.8、图6.9的结果进行分析，请读者自行完成。

(3)将 T_t 序列对应到式(6.32)~式(6.34)中，并将其中的 T_t 用其1阶差分序

列 ΔT_t 替换，检验以下三种结构。

基本结构[对比式(6.32)]为：

$$\Delta^2 T_t = \delta\Delta T_{t-1} + \sum_{i=1}^{m}\beta_i\,\Delta^2 T_{t-i} \tag{6.38}$$

增加漂移项结构为：

$$\Delta^2 T_t = \alpha + \delta\Delta T_{t-1} + \sum_{i=1}^{m}\beta_i\,\Delta^2 T_{t-i} \tag{6.39}$$

增加时间趋势项结构为：

$$\Delta^2 T_t = \alpha + \beta t + \delta\Delta T_{t-1} + \sum_{i=1}^{m}\beta_i\,\Delta^2 T_{t-i} \tag{6.40}$$

检验顺序依旧是从式(6.40)、式(6.39)至式(6.38)。其中，滞后期由 EViews 按 SIC 准则自动确定。

检验式(6.40)结果如图 6.10 所示，可以看出已经拒绝 H_0，检验停止。为了说明检验顺序，顺便列出检验式(6.39)、式(6.40)的结果，分别如图 6.11、图 6.12 所示。

		t-Statistic	Prob.*
Augmented Dickey-Fuller test statistic		-3.932890	0.0271
Test critical values:	1% level	-4.416345	
	5% level	-3.622033	
	10% level	-3.248592	

图 6.10　T_t的 1 阶差分序列 ADF 检验(增加时间趋势项)

		t-Statistic	Prob.*
Augmented Dickey-Fuller test statistic		-3.959776	0.0048
Test critical values:	1% level	-3.661661	
	5% level	-2.960411	
	10% level	-2.619160	

图 6.11　T_t的 1 阶差分序列 ADF 检验(增加漂移项)

		t-Statistic	Prob.*
Augmented Dickey-Fuller test statistic		-0.715699	0.3979
Test critical values:	1% level	-2.647120	
	5% level	-1.952910	
	10% level	-1.610011	

图 6.12　T_t的 1 阶差分序列 ADF 检验(无时间趋势项、无漂移项)

在图 6.10 中，$\tau=-3.932\ 890$，5%临界值 $\tau_\alpha=-3.622\ 033$，统计量 $\tau<\tau_\alpha$，可以看出拒绝 H_0(或由 $P=0.0271<\alpha=5\%$拒绝 H_0)，认为序列 T_t不存在单位根。

由此说明，序列 T_t是 1 阶单整，且按增加时间趋势项结构平稳。

第四节　ARMA 过程的识别

针对非平稳的时间序列，可以对其单整后的平稳序列进行建模。平稳时间序列究竟属于何种类型？此问题其实是类型识别问题。在此，可归结到两种基本类型 AR(p)和 MA(q)中去。两者的识别可通过自相关函数(autocorrelation function，ACF)、偏自相关函数(partial autocorrelation function，PACF)的截尾、拖尾性态进行。

对于时间序列 X_t，ACF 和 PACF 表达了 X_t 在不同的时点上的彼此相关性，这是利用时间序列的过去值预测未来值的基础。

一、自相关函数(ACF)

考虑平稳的时间序列 X_t，按定义，它应满足以下条件。

(1)等期望：$E(X_t)=\mu_0$。

(2)等方差：$D(X_t)=\sigma_0^2$。

(3)同间隔等自协方差：$\gamma_n=\mathrm{Cov}(X_{t-n},\ X_t)=\mathrm{Cov}(X_{s-n},\ X_s)$。

时间序列变量 X_t 在时点 s、t 处的自协方差为：

$$\gamma_{s,\ t}=\mathrm{Cov}(X_s,\ X_t)$$

为体现时间间隔的特性，令 $k=t-s$，自协方差改写为：

$$\gamma_{s,\ t}=\gamma_k=\mathrm{Cov}(X_s,\ X_t)=\mathrm{Cov}(X_{t-k},\ X_t) \tag{6.41}$$

其中，$\gamma_0=\sigma_0^2$ 为常量，$\gamma_{-k}=\gamma_k$。

时间序列 X_t 在时点 $s=t-k$、时点 t 处的线性相关程度，可用以下自相关系数加以描述：

$$\rho_k=\frac{\mathrm{Cov}(X_{t-k},\ X_t)}{\sqrt{D(X_{t-k})}\ \sqrt{D(X_t)}}=\frac{\gamma_k}{\sqrt{\sigma_0^2}\ \sqrt{\sigma_0^2}}=\frac{\gamma_k}{\gamma_0} \tag{6.42}$$

其中，ρ_k 是时间序列的自相关系数，一般也称为 ACF。显然，$\rho_0=1$，$\rho_{-k}=\rho_k$。

从上可知，X_t 平稳时，ρ_k 和γ_k 都只与时间间隔 k 有关。

二、时间序列的 ACF 特征

1. AR(p)过程的 ACF 特征

以平稳的 AR(2)过程为例，说明 AR 过程的 ACF 特征：

$$X_t = \varphi_1 X_{t-1} + \varphi_2 X_{t-2} + \varepsilon_t, \ \varepsilon_t \sim \mathrm{WN}(0, \sigma^2)$$

由 X_t 的平稳性知，此过程的期望为：$\mu = E(X_t) = 0$；方差为：$\gamma_0 = D(X_t) = \sigma_0^2$。

序列 X_t 为平稳 AR 过程时，可表示为 ε_t 的滞后算子级数形式：

$$\begin{aligned} X_t &= \frac{1}{1 - \varphi_1 \mathrm{L} - \varphi_2 \mathrm{L}^2} \varepsilon_t \\ &= (K_0 + K_1 \mathrm{L} + K_2 \mathrm{L}^2 + \cdots + K_n \mathrm{L}^n + \cdots) \varepsilon_t \\ &= K_0 \varepsilon_t + K_1 \varepsilon_{t-1} + K_2 \varepsilon_{t-2} + \cdots + K_n \varepsilon_{t-n} + \cdots \end{aligned}$$

此结论也可由沃德(Wold)分解定理得到。

X_t 在时点 s、t（令 $k = t - s$）处的自协方差为：

$$\begin{aligned} \gamma_k &= \mathrm{Cov}(X_{t-k}, X_t) = E(X_{t-k} X_t) \\ &= E\{(K_0 \varepsilon_{t-k} + K_1 \varepsilon_{t-k-1} + K_2 \varepsilon_{t-k-2} + \cdots) \\ &\quad [K_0 \varepsilon_t + K_1 \varepsilon_{t-1} + \cdots + (K_k \varepsilon_{t-k} + K_{k+1} \varepsilon_{t-k-1} + K_{k+2} \varepsilon_{t-k-2} + \cdots)]\} \\ &= \sigma_0^2 (K_0 K_k + K_1 K_{k+1} + K_2 K_{k+2} + \cdots) \end{aligned}$$

由 X_t 的平稳性，保证了上式的收敛性。ACF 为：

$$\rho_k = \gamma_k / \gamma_0 = K_0 K_k + K_1 K_{k+1} + K_2 K_{k+2} + \cdots$$

这说明 AR 过程的任意 $\rho_k \neq 0$，但 $k \to \infty$ 时，$\rho_k \to 0$，此即为 AR 过程的 ACF 拖尾现象。

如果一个时间序列的 ACF 具有拖尾特征，则可判断该序列有 AR 过程。

图 6.13 所示为 EViews 导出的 1978—2001 年我国进口序列 I_t 的 ACF 结果。

Autocorrelation	Partial Correlation		AC	PAC	Q-Stat	Prob
		1	0.817	0.817	18.113	0.000
		2	0.629	-0.115	29.347	0.000
		3	0.525	0.140	37.549	0.000
		4	0.452	0.009	43.921	0.000
		5	0.357	-0.079	48.110	0.000
		6	0.252	-0.067	50.312	0.000
		7	0.143	-0.105	51.059	0.000
		8	0.045	-0.069	51.138	0.000
		9	-0.057	-0.122	51.275	0.000
		10	-0.135	-0.023	52.083	0.000
		11	-0.180	-0.005	53.630	0.000
		12	-0.212	-0.021	55.958	0.000

图 6.13 我国进口序列的 ACF 结果(1978—2001 年)

从 Autocorrelation 部分可以看出，我国进口序列 I_t 的 ACF 呈现指数衰减的拖尾现象，因此序列 I_t 存在 AR 过程。

2. MA(q)过程的 ACF 特征

对于 MA(q)过程：

$$X_t = \varepsilon_t + \theta_1 \varepsilon_{t-1} + \theta_2 \varepsilon_{t-2} + \cdots + \theta_q \varepsilon_{t-q}$$

由式(6.11)，MA(q)过程自协方差 γ_k 的结果，得：

$$\rho_k = \frac{\gamma_k}{\gamma_0} = \begin{cases} \theta_k + \theta_{k+1}\theta_1 + \theta_{k+2}\theta_2 + \cdots + \theta_q\theta_{q-k}, & k = 1, 2, \cdots, q \\ 0, & k > q \end{cases} \tag{6.43}$$

可见 MA 过程的 ACF，当 $k > q$ 时 $\rho_k = 0$，此即为 MA 过程的 ACF 截尾现象，q 为截尾阶数。

如果一个时间序列的 ACF 具有截尾特征，可判断该序列有 MA 过程，截尾之处即为 MA 过程的阶数。

图 6.14 所示为 EViews 导出的某债券收益率序列 Y_t 的 ACF 结果。

Autocorrelation	Partial Correlation		AC	PAC	Q-Stat	Prob
		1	0.630	0.630	25.059	0.000
		2	0.269	-0.213	29.708	0.000
		3	0.062	-0.016	29.961	0.000
		4	-0.054	-0.065	30.157	0.000
		5	-0.129	-0.074	31.286	0.000
		6	-0.070	0.113	31.622	0.000
		7	0.069	0.118	31.953	0.000
		8	0.086	-0.087	32.488	0.000
		9	0.033	-0.035	32.569	0.000
		10	-0.089	-0.159	33.160	0.000
		11	-0.117	0.066	34.204	0.000
		12	-0.124	-0.029	35.404	0.000

图 6.14 某债券收益率序列 Y_t 的 ACF 结果

从 Autocorrelation 部分可以看出，某债券收益率序列 Y_t 的 ACF 出现截尾现象，因此序列 Y_t 存在 MA 过程。根据截尾阶数，初步确定 $q=1$、2。

3. ARMA(p , q)过程的 ACF 特征

ARMA(p , q)模型是 AR(p)、MA(q)两过程的复合，AR(p)部分的 ACF 拖尾现象必然波及 ARMA(p , q)整体，MA(q)部分的 ACF 截尾将被淹没。

因此，ARMA(p , q)的 ACF 也呈现拖尾现象。

如果一个时间序列的 ACF 具有拖尾特征，则该序列除了有 AR 过程，还应考虑可能存在 ARMA 过程。

三、偏自相关函数(PACF)

PACF 表示时间序列在时点 s 处 X_s 、时点 t 处 X_t 的单独的相关性。

ACF 和 PACF 都表示序列在两个时点 X_s、X_t 处的相关性，但两者有着重大差异。

举例来说，X_1 和 X_5 的 ACF 会受到中间时点处 X_2、X_3、X_4 的影响。但有时候，我们只关心 X_1 和 X_5 两者直接、单独的关联性，排除掉 X_2、X_3、X_4 的影响，这便是 PACF。

要计算 PACF，可逐一对下列每个自回归方程进行 OLS 估计：

$$\begin{cases} \text{AR}(1)\text{ 过程 } X_t = \varphi_{11}X_{t-1} + v_{1t} \\ \text{AR}(2)\text{ 过程 } X_t = \varphi_{21}X_{t-1} + \varphi_{22}X_{t-2} + v_{2t} \\ \qquad\vdots \\ \text{AR}(p)\text{ 过程 } X_t = \varphi_{p1}X_{t-1} + \varphi_{p2}X_{t-2} + \cdots + \varphi_{pp}X_{t-p} + v_{pt} \end{cases} \tag{6.44}$$

所得的回归参数 $\hat{\varphi}_{11}$，$\hat{\varphi}_{22}$，…，$\hat{\varphi}_{pp}$ 就是各阶 PACF 的系数。

通常，PACF 利用 ACF 的结果 ρ_1，ρ_2，…，ρ_p 进行计算，通过求解尤尔-沃克方程得到，感兴趣的读者可查阅相关资料。

在此，主要利用式(6.44)，理解 AR、MA、ARMA 等过程的 PACF 特征，以帮助我们识别时间序列的类型。

四、时间序列的 PACF 特征

1. AR(p)过程的 PACF 特征

对于平稳的 AR(p)过程：

$$X_t = \varphi_1 X_{t-1} + \varphi_2 X_{t-2} + \cdots + \varphi_p X_{t-p} + \varepsilon_t,\ \varepsilon_t \sim \text{WN}(0,\ \sigma^2)$$

模型中 X_t 受滞后期 X_{t-1}，X_{t-2}，…，X_{t-p} 影响，可根据式(6.44)，计算 1 阶至 p 阶的偏相关系数 $\hat{\varphi}_{11}$，$\hat{\varphi}_{22}$，…，$\hat{\varphi}_{pp}$。

p 阶以后的 $X_{t-(p+1)}$，$X_{t-(p+2)}$，… 并未直接影响 X_t，那么其相关系数为 0。

这表明，当 $k > p$ 时，AR(p)过程的 PACF 为 0，即 AR(p)过程的 PACF 在 p 阶处截尾。

如果一个时间序列的 PACF 具有截尾特征，可判断该序列有 AR 过程，截尾之处即为 AR 过程的阶数。

从图 6.13 的 Partial Correlation 部分可以看出，序列 I_t 的 PACF 有截尾，可以认为序列含有 AR 过程，序列 I_t 的 PACF 在 1 阶处截尾，可认为 $p=1$。

根据图 6.14 的 Y_t 序列的 PACF，也可对是否存在 AR 过程及其阶数 p 进行类似分析，请读者自行完成。

2. MA(q)过程的 PACF 特征

MA(q)过程为：

$$X_t = \varepsilon_t + \theta_1 \varepsilon_{t-1} + \theta_2 \varepsilon_{t-2} + \cdots + \theta_q \varepsilon_{t-q},\ \varepsilon_t \sim \text{WN}(0,\ \sigma^2)$$

由式(6.44)知，讨论 PACF 时，涉及 X_{t-1}，X_{t-2}，X_{t-3}，… 等滞后项，但它们并未在模型中直接出现。

为此，将 MA 过程转化为 AR 过程(参见例 6.2)。MA(q)过程的滞后算子表达为：

$$X_t = (1 + \theta_1 \mathrm{L} + \theta_2 \mathrm{L}^2 + \cdots + \theta_q \mathrm{L}^q)\,\varepsilon_t$$

即有：

$$\varepsilon_t = \frac{1}{1 + \theta_1 \mathrm{L} + \theta_2 \mathrm{L}^2 + \cdots + \theta_q \mathrm{L}^q} X_t$$

当上式右端满足收敛性条件时，称 MA 过程可逆。

与 AR 过程转换为 MA 过程的式(6.16)类似，当特征方程：

$$1 + \theta_1 \lambda + \theta_2 \lambda^2 + \cdots + \theta_q \lambda^q = 0$$

的所有特征根的模>1(即所有特征根都在单位圆外)时，MA 过程可逆。或者说，可逆的 MA 过程中，ε_t 可表示为 X_t 的滞后算子级数形式：

$$\begin{aligned}\varepsilon_t &= \frac{1}{1 + \theta_1 \mathrm{L} + \theta_2 \mathrm{L}^2 + \cdots + \theta_q \mathrm{L}^q} X_t \\ &= (G_0 + G_1 \mathrm{L} + G_2 \mathrm{L}^2 + \cdots + G_n \mathrm{L}^n + \cdots) X_t \end{aligned} \tag{6.45}$$

为讨论 MA 过程中序列 X_t 的 PACF，再将式(6.45)变形为 AR 过程形式：

$$X_t = M_1 X_{t-1} + M_2 X_{t-2} + \cdots + M_n X_{t-n} + \cdots + \mu_t$$

从上可知，MA(q)过程的任意 n 阶滞后项 X_{t-n} 都存在。由式(6.44)知，任意 n 阶的偏相关系数 $\hat{\varphi}_{nn} \neq 0$，但 $\hat{\varphi}_{nn} \to 0$($n \to \infty$)。

这说明，MA(q)过程的 PACF 存在拖尾现象。

如果一个时间序列的 PACF 具有拖尾特征，则可判断该序列有 MA 过程。

3. ARMA(p，q)过程的 PACF 特征

ARMA(p，q)过程是 AR(p)、MA(q)两者的复合，MA(q)部分的 PACF 拖尾现象必然波及 ARMA(p，q)整体，AR(p)部分的 PACF 截尾将被淹没。

因此，ARMA(p，q)的 PACF 也呈现拖尾现象。

如果一个时间序列的 PACF 具有拖尾特征，则该序列除了有 MA 过程，还应考虑可能存在 ARMA 过程。

五、ACF 与 PACF 特征小结

综合以上内容，不同过程的 ACF 和 PACF 特征如表 6.3 所示。

表 6.3 不同过程的 ACF 和 PACF 特征

过程	ACF 特征	PACF 特征
AR(p)	拖尾	p 阶后截尾
MA(q)	q 阶后截尾	拖尾
ARMA(p, q)	拖尾	拖尾

实际工作中，大多数 ARMA(p, q)的阶都有 $p\leqslant 2$，$q\leqslant 2$。由于时间序列的复杂性，应考虑各种情况，建立多种模型，估计、检验后进行比对、选择。

第五节 ARIMA 模型的建立

建立结构式模型时，一般采用原始样本或它的初等变形(如对数、平方等)，模型的函数表达简单直接。

建立时间序列模型时，原始的序列一般是不平稳的。序列经过单整后，建模是针对平稳序列进行的。在单整后平稳序列的基础上再建立 ARMA 模型，两者综合即成 ARIMA 模型。

一般 ARMA(p, q)过程如下：

$$X_t = \alpha + \varphi_1 X_{t-1} + \varphi_2 X_{t-2} + \cdots + \varphi_p X_{t-p} + \varepsilon_t + \theta_1 \varepsilon_{t-1} + \cdots + \theta_q \varepsilon_{t-q}$$

采用滞后算子形式表达为：

$$(1 - \varphi_1 \mathrm{L} - \varphi_2 \mathrm{L}^2 - \cdots - \varphi_p \mathrm{L}^p) X_t = \alpha + (1 + \theta_1 \mathrm{L} + \theta_2 \mathrm{L}^2 + \cdots + \theta_q \mathrm{L}^q)\varepsilon_t$$

简记为：

$$\Phi(\mathrm{L}) X_t = \alpha + \Theta(\mathrm{L})\varepsilon_t \tag{6.46}$$

其中：

$$\Phi(\mathrm{L}) = 1 - \varphi_1 \mathrm{L} - \varphi_2 \mathrm{L}^2 - \cdots - \varphi_p \mathrm{L}^p$$
$$\Theta(\mathrm{L}) = 1 + \theta_1 \mathrm{L} + \theta_2 \mathrm{L}^2 + \cdots + \theta_q \mathrm{L}^q$$

如果 $X_t \sim \mathrm{I}(d)$，就将式(6.46)中 X_t 置换为 $\Delta^d X_t = (1 - \mathrm{L})^d X_t$：

$$\Phi(\mathrm{L})\ (1 - \mathrm{L})^d X_t = \alpha + \Theta(\mathrm{L})\ \varepsilon_t \tag{6.47}$$

式(6.47)即为 ARIMA(p, d, q)的模型形式。

一、ARIMA 模型建模思路

ARIMA 模型是由博克斯和詹金斯在 20 世纪 70 年代提出的一种非平稳时间序列模型，它不依据经济理论，而是以外推方式研究时间序列自身的变化规律，其思想影响深远。ARIMA 模型的处理思路大致如下。

(1)对原序列进行平稳性检验与处理。不平稳时，通过 d 阶差分变换、对数变换或两者结合等方法得到平稳的序列。

(2)识别模型。主要通过序列的 ACF、PACF 特征，识别 AR 过程的阶 p、MA

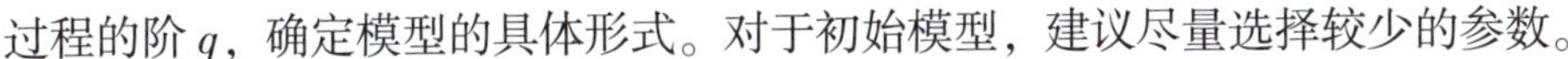

过程的阶 q，确定模型的具体形式。对于初始模型，建议尽量选择较少的参数。

(3)估计模型。检验参数、模型的显著性。

(4)诊断模型、选择模型。诊断内容包括残差序列 e_t 是否为白噪声、拟合优度值(R^2 或 $\bar{R}^2$)是否较大、信息准则值(AIC、SC、HQC 等)是否较小、特征根的模是否都大于 1 等，确定最终模型。

(5)利用模型进行预测，计算预测误差，评价模型。

二、ARIMA 模型建模思想与过程

下面通过例子，说明 ARIMA 模型的建模思想与过程。

【例 6.10】为较充分说明 ARIAM 模型建模的诸多问题，建立 1980—2022 年我国税收数据的 ARIMA 模型。样本数据见例 6.9 的表 6.2 以及表 6.4。

表 6.4　1980—1989 我国税收数据

年份	各项税收 T/亿元	年份	各项税收 T/亿元	年份	各项税收 T/亿元
1980	571.70	1984	947.35	1988	2 390.47
1981	629.89	1985	2 040.79	1989	2 727.40
1982	700.02	1986	2 090.73		
1983	775.59	1987	2 140.36		

数据来源：《中国统计年鉴》

本例中未对我国税收序列 T_t 进行对数变换。取对数变换后的 ARIMA 模型的建立留给读者自行练习。

(1)1980—2022 年我国税收序列 T_t 的平稳性检验与处理。

①例 6.9 中已通过图示法和 ADF 检验了 T_t 的非平稳性。

对 T_t 进行 1 阶差分，得到 ΔT_t 序列，其时间变化图如图 6.15 所示。

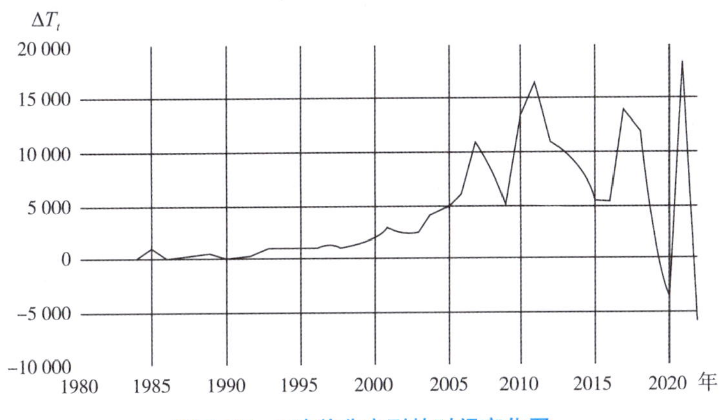

图 6.15　1 阶差分序列的时间变化图

可以看出，1 阶差分序列 ΔT_t 并未围绕一条水平线，而是在一个矩形区域内

上下波动，略有偏差，因此初步判断仍然不平稳。

图6.16、图6.17、图6.18所示依次为1阶差分序列的增加时间趋势项结构、增加漂移项结构、基本结构的ADF检验结果。

		t-Statistic	Prob.*
Augmented Dickey-Fuller test statistic		-2.021737	0.5677
Test critical values:	1% level	-4.273277	
	5% level	-3.557759	
	10% level	-3.212361	

图6.16　1阶差分序列ADF检验(增加时间趋势项结构)

		t-Statistic	Prob.*
Augmented Dickey-Fuller test statistic		-0.846610	0.7918
Test critical values:	1% level	-3.653730	
	5% level	-2.957110	
	10% level	-2.617434	

图6.17　1阶差分序列ADF检验(增加漂移项结构)

		t-Statistic	Prob.*
Augmented Dickey-Fuller test statistic		0.075128	0.6995
Test critical values:	1% level	-2.639210	
	5% level	-1.951687	
	10% level	-1.610579	

图6.18　1阶差分序列ADF检验(基本结构)

三个结构的ADF检验中都有 $P>\alpha=5\%$，可见均不拒绝 H_0，存在单位根，1阶差分序列仍是不平稳的。

②对 T_t 进行2阶差分，得到 $\Delta^2 T_t$ 序列，其时间变化图如图6.19所示。

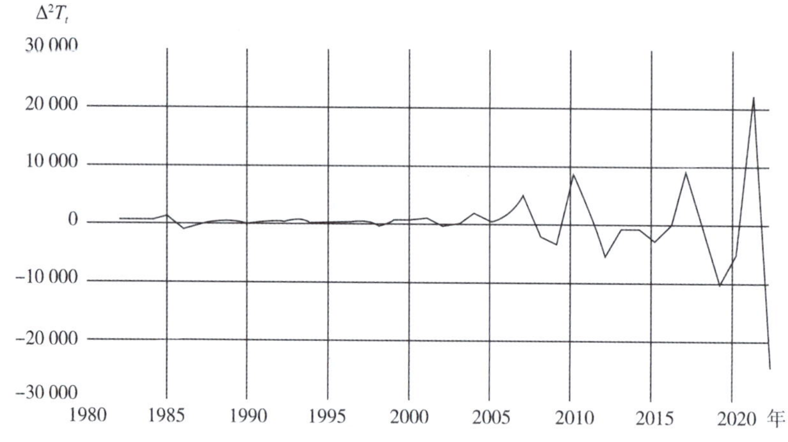

图6.19　2阶差分序列的时间变化图

可以看出，2 阶差分序列 $\Delta^2 T_t$ 围绕一条水平线，且在一个矩形区域内上下波动，因此初步判断它是平稳的。

对 2 阶差分的三种结构进行 ADF 检验，结果分别如图 6.20、图 6.21、图 6.22 所示。

		t-Statistic	Prob.*
Augmented Dickey-Fuller test statistic		-2.426238	0.3601
Test critical values:	1% level	-4.273277	
	5% level	-3.557759	
	10% level	-3.212361	

图 6.20　2 阶差分序列 ADF 检验(增加时间趋势项结构)

		t-Statistic	Prob.*
Augmented Dickey-Fuller test statistic		-2.514277	0.1216
Test critical values:	1% level	-3.653730	
	5% level	-2.957110	
	10% level	-2.617434	

图 6.21　2 阶差分序列 ADF 检验(增加漂移项结构)

		t-Statistic	Prob.*
Augmented Dickey-Fuller test statistic		-2.342295	0.0207
Test critical values:	1% level	-2.639210	
	5% level	-1.951687	
	10% level	-1.610579	

图 6.22　2 阶差分序列 ADF 检验(基本结构)

可以看出，对于基本结构，$P=0.020\ 7<\alpha=5\%$，可见拒绝 H_0，认为不存在单位根，2 阶差分序列是平稳的。

由此可知，序列 T_t 是 2 阶单整的，即 $T_t \sim \mathrm{I}(2)$，且按基本结构平稳。

(2) ARIMA 模型的识别。

图 6.23 所示为 $\Delta^2 T_t$ 序列的 ACF 和 PACF 图。

Autocorrelation	Partial Correlation		AC	PAC	Q-Stat	Prob
		1	-0.411	-0.411	7.4283	0.006
		2	-0.195	-0.437	9.1494	0.010
		3	0.154	-0.210	10.247	0.017
		4	0.194	0.161	12.046	0.017
		5	-0.188	0.091	13.781	0.017
		6	0.010	0.103	13.786	0.032
		7	0.122	0.129	14.554	0.042
		8	-0.043	0.054	14.651	0.066
		9	-0.150	-0.149	15.888	0.069
		10	0.166	-0.046	17.449	0.065
		11	0.106	0.146	18.113	0.079
		12	-0.217	0.024	20.966	0.051

图 6.23　2 阶差分序列的 ACF 和 PACF 图

可以看出，ACF、PACF 均有拖尾现象，说明这是一个 AR 和 MA 混合的随机过程。$\Delta^2 T_t$的 ACF 在 1 阶后，都在临界值(虚线)内，认为 $\Delta^2 T_t$的 ACF 在 1 阶处截尾，取 $q=1$。$\Delta^2 T_t$ 的 PACF 在 2 阶后，都在临界值(虚线)内，认为 $\Delta^2 T_t$ 的 PACF 在 2 阶处截尾，取 $p=2$。

由此，ARIMA(p，d，q)模型初步确定为 ARIMA(2，2，1)，模型的形式为：

$$(1-\varphi_1 L-\varphi_2 L^2)(1-L)^2 T_t=(1+\theta L)\varepsilon_t \tag{6.48}$$

考虑到 ARIMA 模型对简单化的需要，同时为了对比参照，可将低阶的 ARIMA(2，2，0)、ARIMA(1，2，1)、ARIMA(1，2，0)、ARIMA(0，2，1)等模型纳入。

(3)模型的估计。

EViews 对模型 ARIMA(2，2，1)的估计结果如图 6.24 所示。

Variable	Coefficient	Std. Error	t-Statistic	Prob.
AR(1)	-0.608121	0.199478	-3.048558	0.0042
AR(2)	-0.598638	0.304664	-1.964911	0.0570
MA(1)	-0.235216	0.326676	-0.720028	0.4760
SIGMASQ	18495251	2907732.	6.360713	0.0000

R-squared	0.485521	Mean dependent var	-150.5796
Adjusted R-squared	0.443806	S.D. dependent var	6070.271
S.E. of regression	4527.111	Akaike info criterion	19.80078
Sum squared resid	7.58E+08	Schwarz criterion	19.96796
Log likelihood	-401.9161	Hannan-Quinn criter.	19.86166
Durbin-Watson stat	1.878371		

Inverted AR Roots	-.30+.71i	-.30-.71i
Inverted MA Roots	.24	

图 6.24 ARIMA 模型的估计结果

可以看出，AR 过程特征根的模 $|\lambda_1|=|\lambda_2|=1/|-0.30+0.71i|\approx 1.2974>1$，无单位根，AR(2)过程平稳。

MA 过程特征根的模 $|\lambda|=1/|0.24|>1$，MA(1)过程可逆。

但 MA(1)过程回归参数的 $P=0.4760$，即便放宽 $\alpha=10\%$，也不显著。因此，模型中舍弃 MA(1)，调整为 ARIMA(2，2，0)模型，即：

$$(1-\varphi_1 L-\varphi_2 L^2)(1-L)^2 T_t=\varepsilon_t \tag{6.49}$$

再次估计的结果如图 6.25 所示。

Variable	Coefficient	Std. Error	t-Statistic	Prob.
AR(1)	-0.744437	0.059827	-12.44320	0.0000
AR(2)	-0.728919	0.123215	-5.915835	0.0000
SIGMASQ	18737058	2639738.	7.098075	0.0000
R-squared	0.478794	Mean dependent var	-150.5796	
Adjusted R-squared	0.451363	S.D. dependent var	6070.271	
S.E. of regression	4496.254	Akaike info criterion	19.77220	
Sum squared resid	7.68E+08	Schwarz criterion	19.89758	
Log likelihood	-402.3301	Hannan-Quinn criter.	19.81786	
Durbin-Watson stat	2.025105			
Inverted AR Roots	-.37+.77i	-.37-.77i		

图 6.25 ARIMA 模型再次估计的结果

可以看出，AR(1)、AR(2)的参数都显著。$R^2=0.478\ 794$，模型整体具有确定的解释效果，就单整的时间序列而言，此 R^2 已相当不错。

(4) AR 过程特征根的模 $|\lambda_1|=|\lambda_2|=1/|0.37+0.77i|\approx 1.170\ 6>1$，无单位根，AR(2)过程平稳。对比图 6.24、图 6.25，较之式(6.48)表示的模型，式(6.49)表示的新模型的 $\bar{R}^2=0.451\ 363$，有所升高，AIC、SC、HQC 三个信息准则值均降低，说明新模型更合理。

此外，式(6.49)表示的模型的残差为白噪声，其 PAC 检验结果如图 6.26 所示。

Autocorrelation	Partial Correlation		AC	PAC	Q-Stat	Prob
		1	-0.108	-0.108	0.5124	
		2	0.003	-0.009	0.5127	
		3	-0.028	-0.029	0.5490	0.459
		4	0.069	0.064	0.7752	0.679
		5	0.004	0.018	0.7760	0.855
		6	0.192	0.198	2.6350	0.621
		7	0.059	0.111	2.8130	0.729
		8	-0.098	-0.082	3.3245	0.767
		9	-0.115	-0.139	4.0503	0.774
		10	0.025	-0.036	4.0851	0.849
		11	0.015	-0.011	4.0976	0.905
		12	-0.156	-0.205	5.5792	0.849

图 6.26 ARIMA 调整模型的残差的 PAC 检验结果

同时，也对 ARIMA(1, 2, 1)、ARIMA(1, 2, 0)、ARIMA(0, 2, 1)进行估计，过程从略。这三个模型的参数也显著，无单位根，MA 过程可逆，残差为白噪声。

根据 $\bar{R}^2$ 值，以及 AIC、SC、HQC 信息准则值，最终确定模型结果为：

$$(1+0.744\ 437\mathrm{L}+0.728\ 919\ \mathrm{L}^2)(1-\mathrm{L})^2 T_t=\varepsilon_t$$

或：

$$\Delta^2 T_t = 0.744\,437\,\Delta^2 T_{t-1} + 0.728\,919\,\Delta^2 T_{t-2} + \varepsilon_t$$
$$t = (-12.443\,20)(-5.915\,835)$$
$$R^2 = 0.478\,794,\ \overline{R}^2 = 0.451\,363,\ \mathrm{DW} = 2.025\,105$$

(5)根据最终的模型，利用 EViews 进行预测。

已知客观的 $T_{2023} = 181\ 129.00$，动态预测的 2021—2023 年 $\widehat{T}$ 数据如表 6.5 所示。

表 6.5 动态预测的 2021—2023 年 $\widehat{T}$ 数据

统计量	2021	2022	2023
实际值 Y	172 735.7	166 620.1	181 129.0
预测值 Y_f	162 165.6	165 279.9	163 509.3
相对误差率 $= \dfrac{\lvert Y_f - Y \rvert}{Y} \times 100\%$	6.119 2%	0.804 3%	9.727 7%

可见，模型所有的相对误差率<10%，预测结果可以接受，具有参考价值，模型是适当的。

习题六

1. 用定义验证下列结论：

(1) $\Delta^3 X_t = (1-\mathrm{L})^3 X_t$；

(2) $\Delta X_{t-3} = \mathrm{L}^3(1-\mathrm{L})X_t$；

(3) $\Delta_4^2 X_t = (1-\mathrm{L})^2(1-\mathrm{L}^4)X_t$。

2. 将 $E(X_t) \neq 0$ 的平稳 AR(2) 过程 $X_t = \alpha + \varphi_1 X_{t-1} + \varphi_2 X_{t-2} + \varepsilon_t$ 进行中心化处理，转化为 $E(Y_t) = 0$ 的平稳 AR(2) 过程 $Y_t = \varphi_1 Y_{t-1} + \varphi_2 Y_{t-2} + \varepsilon_t$。

3. 计算 MA(3) 过程 $X_t = \varepsilon_t + \theta_1 \varepsilon_{t-1} + \theta_2 \varepsilon_{t-2} + \theta_3 \varepsilon_{t-3}$ 的时间序列变量 X_t 的期望、方差、自协方差、自相关系数。

4. 用特征根讨论下列模型中所含 AR 过程的平稳性、MA 过程的可逆性：

(1) $X_t = 0.88X_{t-1} - 0.2X_{t-2} + \varepsilon_t$；

(2) $X_t = 0.5X_{t-1} + 0.5X_{t-2} + \varepsilon_t$；

(3) $X_t = \varepsilon_t - 0.3\varepsilon_{t-1} + 0.1\varepsilon_{t-2}$；

(4) $X_t = 0.4X_{t-1} - 0.05X_{t-2} + \varepsilon_t - 0.8\varepsilon_{t-1}$。

5. 图 6.27 所示为 EViews 对某个 ARMA 模型的估计结果，内容为特征根的倒数。

Inverted AR Roots	.91	.49
Inverted MA Roots	.74-.48i	.74+.48i

图 6.27　某个 ARMA 模型的估计结果

试说明 AR 过程是平稳性的，MA 过程是可逆的。

6. 在例 6.9 中，如果第二轮，对 T_t 序列的 1 阶差分序列 ΔT_t 进行 ADF 检验，三种结构都不拒绝 H_0，就会实施第三轮，针对 T_t 序列的 2 阶差分序列 $\Delta^2 T_t$ 进行 ADF 检验，请参考式(6.35) ~ 式(6.37)、式(6.38) ~ 式(6.40)，写出 2 阶差分序列 ADF 检验的三种结构。

7. 将例 6.10 中的 T_t 取对数序列，再建立相应 ARIMA 模型，并将建模结果与例 6.10 对比。

8. 建立 1949—2020 年我国城镇人口序列模型，相关数据如表 6.6 所示。

表 6.6　1949—2020 年我国城镇人口数据　（单位：万人）

年份	城镇人口	年份	城镇人口	年份	城镇人口	年份	城镇人口
1949	5 765	1967	13 548	1985	25 094	2003	52 376
1950	6 169	1968	13 838	1986	26 366	2004	54 283

续表

年份	城镇人口	年份	城镇人口	年份	城镇人口	年份	城镇人口
1951	6 632	1969	14 117	1987	27 674	2005	56 212
1952	7 163	1970	14 424	1988	28 661	2006	58 288
1953	7 826	1971	14 711	1989	29 540	2007	60 633
1954	8 249	1972	14 935	1990	30 195	2008	62 403
1955	8 285	1973	15 345	1991	31 203	2009	64 512
1956	9 185	1974	15 595	1992	32 175	2010	66 978
1957	9 949	1975	16 030	1993	33 173	2011	69 927
1958	10 721	1976	16 341	1994	34 169	2012	72 175
1959	12 371	1977	16 669	1995	35 174	2013	74 502
1960	13 073	1978	17 245	1996	37 304	2014	76 738
1961	12 707	1979	18 495	1997	39 449	2015	79 302
1962	11 659	1980	19 140	1998	41 608	2016	81 924
1963	11 646	1981	20 171	1999	43 748	2017	84 343
1964	12 950	1982	21 480	2000	45 906	2018	86 433
1965	13 045	1983	22 274	2001	48 064	2019	88 426
1966	13 313	1984	24 017	2002	50 212	2020	90 220

数据来源：《中国统计年鉴》。

(1)判断我国城镇人口序列的单整阶数；

(2)识别我国城镇人口序列可能的模型形式；

(3)分别估计模型；

(4)检核、比较模型，确定最终形式；

(5)预测 2021 年我国城镇人口，已知 2021 年中国城镇人口 91 425 万人，计算预测的相对误差率。

附　录

附表 1　t 分布表（$P\{|t|>t_{\alpha}\}=\alpha$）

n	α			
	0. 1	0. 05	0. 03	0. 01
1	6. 314	12. 706	21. 205	63. 657
2	2. 920	4. 303	5. 643	9. 925
3	2. 353	3. 182	3. 896	5. 841
4	2. 132	2. 776	3. 298	4. 604
5	2. 015	2. 571	3. 003	4. 032
6	1. 943	2. 447	2. 829	3. 707
7	1. 895	2. 365	2. 715	3. 499
8	1. 860	2. 306	2. 634	3. 355
9	1. 833	2. 262	2. 574	3. 250
10	1. 812	2. 228	2. 527	3. 169
11	1. 796	2. 201	2. 491	3. 106
12	1. 782	2. 179	2. 461	3. 055
13	1. 771	2. 160	2. 436	3. 012
14	1. 761	2. 145	2. 415	2. 977
15	1. 753	2. 131	2. 397	2. 947
16	1. 746	2. 120	2. 382	2. 921
17	1. 740	2. 110	2. 368	2. 898
18	1. 734	2. 101	2. 356	2. 878

续表

n	α			
	0. 1	0. 05	0. 03	0. 01
19	1. 729	2. 093	2. 346	2. 861
20	1. 725	2. 086	2. 336	2. 845
21	1. 721	2. 080	2. 328	2. 831
22	1. 717	2. 074	2. 320	2. 819
23	1. 714	2. 069	2. 313	2. 807
24	1. 711	2. 064	2. 307	2. 797
25	1. 708	2. 060	2. 301	2. 787
26	1. 706	2. 056	2. 296	2. 779
27	1. 703	2. 052	2. 291	2. 771
28	1. 701	2. 048	2. 286	2. 763
29	1. 699	2. 045	2. 282	2. 756
30	1. 697	2. 042	2. 278	2. 750
31	1. 696	2. 040	2. 275	2. 744
32	1. 694	2. 037	2. 271	2. 738
33	1. 692	2. 035	2. 268	2. 733
34	1. 691	2. 032	2. 265	2. 728
35	1. 690	2. 030	2. 262	2. 724
36	1. 688	2. 028	2. 260	2. 719
37	1. 687	2. 026	2. 257	2. 715
38	1. 686	2. 024	2. 255	2. 712
39	1. 685	2. 023	2. 252	2. 708
40	1. 684	2. 021	2. 250	2. 704
41	1. 683	2. 020	2. 248	2. 701
42	1. 682	2. 018	2. 246	2. 698
43	1. 681	2. 017	2. 244	2. 695
44	1. 680	2. 015	2. 243	2. 692
45	1. 679	2. 014	2. 241	2. 690
46	1. 679	2. 013	2. 239	2. 687

续表

n	α			
	0. 1	0. 05	0. 03	0. 01
47	1. 678	2. 012	2. 238	2. 685
48	1. 677	2. 011	2. 237	2. 682
49	1. 677	2. 010	2. 235	2. 680
50	1. 676	2. 009	2. 234	2. 678
51	1. 675	2. 008	2. 233	2. 676
52	1. 675	2. 007	2. 231	2. 674
53	1. 674	2. 006	2. 230	2. 672
54	1. 674	2. 005	2. 229	2. 670
55	1. 673	2. 004	2. 228	2. 668
56	1. 673	2. 003	2. 227	2. 667
57	1. 672	2. 002	2. 226	2. 665
58	1. 672	2. 002	2. 225	2. 663
59	1. 671	2. 001	2. 224	2. 662
60	1. 671	2. 000	2. 223	2. 660
100	1. 660	1. 984	2. 201	2. 626
120	1. 658	1. 980	2. 196	2. 617
200	1. 653	1. 972	2. 186	2. 601
500	1. 648	1. 965	2. 176	2. 586
1000	1. 646	1. 962	2. 173	2. 581
∞	1. 645	1. 960	2. 170	2. 576

注：本表为 t 双侧检验临界值，n 为自由度，α 为置信水平。

附表 2　F 分布表($\alpha=5\%$)

n_2	n_1												
	1	2	3	4	5	6	7	8	9	10	15	20	∞
1	161. 45	199. 50	215. 71	224. 58	230. 16	233. 99	236. 77	238. 88	240. 54	241. 88	245. 95	248. 01	254. 31
2	18. 51	19. 00	19. 16	19. 25	19. 30	19. 33	19. 35	19. 37	19. 38	19. 40	19. 43	19. 45	19. 50
3	10. 13	9. 55	9. 28	9. 12	9. 01	8. 94	8. 89	8. 85	8. 81	8. 79	8. 70	8. 66	8. 53
4	7. 71	6. 94	6. 59	6. 39	6. 26	6. 16	6. 09	6. 04	6. 00	5. 96	5. 86	5. 80	5. 63

续表

n_2	n_1												
	1	2	3	4	5	6	7	8	9	10	15	20	∞
5	6. 61	5. 79	5. 41	5. 19	5. 05	4. 95	4. 88	4. 82	4. 77	4. 74	4. 62	4. 56	4. 37
6	5. 99	5. 14	4. 76	4. 53	4. 39	4. 28	4. 21	4. 15	4. 10	4. 06	3. 94	3. 87	3. 67
7	5. 59	4. 74	4. 35	4. 12	3. 97	3. 87	3. 79	3. 73	3. 68	3. 64	3. 51	3. 44	3. 23
8	5. 32	4. 46	4. 07	3. 84	3. 69	3. 58	3. 50	3. 44	3. 39	3. 35	3. 22	3. 15	2. 93
9	5. 12	4. 26	3. 86	3. 63	3. 48	3. 37	3. 29	3. 23	3. 18	3. 14	3. 01	2. 94	2. 71
10	4. 96	4. 10	3. 71	3. 48	3. 33	3. 22	3. 14	3. 07	3. 02	2. 98	2. 85	2. 77	2. 54
11	4. 84	3. 98	3. 59	3. 36	3. 20	3. 09	3. 01	2. 95	2. 90	2. 85	2. 72	2. 65	2. 40
12	4. 75	3. 89	3. 49	3. 26	3. 11	3. 00	2. 91	2. 85	2. 80	2. 75	2. 62	2. 54	2. 30
13	4. 67	3. 81	3. 41	3. 18	3. 03	2. 92	2. 83	2. 77	2. 71	2. 67	2. 53	2. 46	2. 21
14	4. 60	3. 74	3. 34	3. 11	2. 96	2. 85	2. 76	2. 70	2. 65	2. 60	2. 46	2. 39	2. 13
15	4. 54	3. 68	3. 29	3. 06	2. 90	2. 79	2. 71	2. 64	2. 59	2. 54	2. 40	2. 33	2. 07
16	4. 49	3. 63	3. 24	3. 01	2. 85	2. 74	2. 66	2. 59	2. 54	2. 49	2. 35	2. 28	2. 01
17	4. 45	3. 59	3. 20	2. 96	2. 81	2. 70	2. 61	2. 55	2. 49	2. 45	2. 31	2. 23	1. 96
18	4. 41	3. 55	3. 16	2. 93	2. 77	2. 66	2. 58	2. 51	2. 46	2. 41	2. 27	2. 19	1. 92
19	4. 38	3. 52	3. 13	2. 90	2. 74	2. 63	2. 54	2. 48	2. 42	2. 38	2. 23	2. 16	1. 88
20	4. 35	3. 49	3. 10	2. 87	2. 71	2. 60	2. 51	2. 45	2. 39	2. 35	2. 20	2. 12	1. 84
21	4. 32	3. 47	3. 07	2. 84	2. 68	2. 57	2. 49	2. 42	2. 37	2. 32	2. 18	2. 10	1. 81
22	4. 30	3. 44	3. 05	2. 82	2. 66	2. 55	2. 46	2. 40	2. 34	2. 30	2. 15	2. 07	1. 78
23	4. 28	3. 42	3. 03	2. 80	2. 64	2. 53	2. 44	2. 37	2. 32	2. 27	2. 13	2. 05	1. 76
24	4. 26	3. 40	3. 01	2. 78	2. 62	2. 51	2. 42	2. 36	2. 30	2. 25	2. 11	2. 03	1. 73
25	4. 24	3. 39	2. 99	2. 76	2. 60	2. 49	2. 40	2. 34	2. 28	2. 24	2. 09	2. 01	1. 71
26	4. 23	3. 37	2. 98	2. 74	2. 59	2. 47	2. 39	2. 32	2. 27	2. 22	2. 07	1. 99	1. 69
27	4. 21	3. 35	2. 96	2. 73	2. 57	2. 46	2. 37	2. 31	2. 25	2. 20	2. 06	1. 97	1. 67
28	4. 20	3. 34	2. 95	2. 71	2. 56	2. 45	2. 36	2. 29	2. 24	2. 19	2. 04	1. 96	1. 65
29	4. 18	3. 33	2. 93	2. 70	2. 55	2. 43	2. 35	2. 28	2. 22	2. 18	2. 03	1. 94	1. 64
30	4. 17	3. 32	2. 92	2. 69	2. 53	2. 42	2. 33	2. 27	2. 21	2. 16	2. 01	1. 93	1. 62
40	4. 08	3. 23	2. 84	2. 61	2. 45	2. 34	2. 25	2. 18	2. 12	2. 08	1. 92	1. 84	1. 51
50	4. 03	3. 18	2. 79	2. 56	2. 40	2. 29	2. 20	2. 13	2. 07	2. 03	1. 87	1. 78	1. 44
60	4. 00	3. 15	2. 76	2. 53	2. 37	2. 25	2. 17	2. 10	2. 04	1. 99	1. 84	1. 75	1. 39
70	3. 98	3. 13	2. 74	2. 50	2. 35	2. 23	2. 14	2. 07	2. 02	1. 97	1. 81	1. 72	1. 35
80	3. 96	3. 11	2. 72	2. 49	2. 33	2. 21	2. 13	2. 06	2. 00	1. 95	1. 79	1. 70	1. 32
90	3. 95	3. 10	2. 71	2. 47	2. 32	2. 20	2. 11	2. 04	1. 99	1. 94	1. 78	1. 69	1. 30

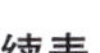

续表

n_2	n_1												
	1	2	3	4	5	6	7	8	9	10	15	20	∞
100	3.94	3.09	2.70	2.46	2.31	2.19	2.10	2.03	1.97	1.93	1.77	1.68	1.28
200	3.89	3.04	2.65	2.42	2.26	2.14	2.06	1.98	1.93	1.88	1.72	1.62	1.19
300	3.87	3.03	2.63	2.40	2.24	2.13	2.04	1.97	1.91	1.86	1.70	1.61	1.15
400	3.86	3.02	2.63	2.39	2.24	2.12	2.03	1.96	1.90	1.85	1.69	1.60	1.13
500	3.86	3.01	2.62	2.39	2.23	2.12	2.03	1.96	1.90	1.85	1.69	1.59	1.11
1000	3.85	3.00	2.61	2.38	2.22	2.11	2.02	1.95	1.89	1.84	1.68	1.58	1.08
∞	3.84	3.00	2.61	2.37	2.21	2.10	2.01	1.94	1.88	1.83	1.67	1.57	1.00

注：本表为 F 右侧检验临界值表，n_1 为分子自由度，n_2 为分母自由度。

附表 3　χ^2 分布表($P\{\chi^2>\chi_\alpha^2\}=\alpha$)

n	α			
	0.1	0.05	0.03	0.01
1	2.706	3.841	4.709	6.635
2	4.605	5.991	7.013	9.210
3	6.251	7.815	8.947	11.345
4	7.779	9.488	10.712	13.277
5	9.236	11.070	12.375	15.086
6	10.645	12.592	13.968	16.812
7	12.017	14.067	15.509	18.475
8	13.362	15.507	17.010	20.090
9	14.684	16.919	18.480	21.666
10	15.987	18.307	19.922	23.209
11	17.275	19.675	21.342	24.725
12	18.549	21.026	22.742	26.217
13	19.812	22.362	24.125	27.688
14	21.064	23.685	25.493	29.141
15	22.307	24.996	26.848	30.578
16	23.542	26.296	28.191	32.000
17	24.769	27.587	29.523	33.409

续表

n	α			
	0.1	0.05	0.03	0.01
18	25.989	28.869	30.845	34.805
19	27.204	30.144	32.158	36.191
20	28.412	31.410	33.462	37.566
21	29.615	32.671	34.759	38.932
22	30.813	33.924	36.049	40.289
23	32.007	35.172	37.332	41.638
24	33.196	36.415	38.609	42.980
25	34.382	37.652	39.880	44.314
26	35.563	38.885	41.146	45.642
27	36.741	40.113	42.407	46.963
28	37.916	41.337	43.662	48.278
29	39.087	42.557	44.913	49.588
30	40.256	43.773	46.160	50.892
40	51.805	55.758	58.428	63.691
50	63.167	67.505	70.423	76.154
60	74.397	79.082	82.225	88.379
70	85.527	90.531	93.881	100.425
80	96.578	101.879	105.422	112.329
90	107.565	113.145	116.869	124.116
100	118.498	124.342	128.237	135.807

注：本表为χ^2右侧检验临界值，n 为自由度，α 为置信度。

附表 4　DW 检验分布表（$\alpha=5\%$）

n	$k=1$		$k=2$		$k=3$		$k=4$		$k=5$	
	d_L	d_U	d_L	d_U	d_L	d_U	d_L	d_U	d_L	d_U
15	1.08	1.36	0.95	1.54	0.82	1.75	0.69	1.97	0.56	2.21
16	1.10	1.37	0.98	1.54	0.86	1.73	0.74	1.93	0.62	2.15
17	1.13	1.38	1.02	1.54	0.90	1.71	0.78	1.90	0.67	2.10

续表

n	k=1		k=2		k=3		k=4		k=5	
	d_L	d_U	d_L	d_U	d_L	d_U	d_L	d_U	d_L	d_U
18	1.16	1.39	1.05	1.53	0.93	1.69	0.82	1.87	0.71	2.06
19	1.18	1.40	1.08	1.53	0.97	1.68	0.86	1.85	0.75	2.02
20	1.20	1.41	1.10	1.54	1.00	1.68	0.90	1.83	0.79	1.99
21	1.22	1.42	1.13	1.54	1.03	1.67	0.93	1.81	0.83	1.96
22	1.24	1.43	1.15	1.54	1.05	1.66	0.96	1.80	0.86	1.94
23	1.26	1.44	1.17	1.54	1.08	1.66	0.99	1.79	0.90	1.92
24	1.27	1.45	1.19	1.55	1.10	1.66	1.01	1.78	0.93	1.90
25	1.29	1.45	1.21	1.55	1.12	1.66	1.04	1.77	0.95	1.89
26	1.30	1.46	1.22	1.55	1.14	1.65	1.06	1.76	0.98	1.88
27	1.32	1.47	1.24	1.56	1.16	1.65	1.08	1.76	1.01	1.86
28	1.33	1.48	1.26	1.56	1.18	1.65	1.10	1.75	1.03	1.85
29	1.34	1.48	1.27	1.56	1.20	1.65	1.12	1.74	1.05	1.84
30	1.35	1.49	1.28	1.57	1.21	1.65	1.14	1.74	1.07	1.83
31	1.36	1.50	1.30	1.57	1.23	1.65	1.16	1.74	1.09	1.83
32	1.37	1.50	1.31	1.57	1.24	1.65	1.18	1.73	1.11	1.82
33	1.38	1.51	1.32	1.58	1.26	1.65	1.19	1.73	1.13	1.81
34	1.39	1.51	1.33	1.58	1.27	1.65	1.21	1.73	1.15	1.81
35	1.40	1.52	1.34	1.58	1.28	1.65	1.22	1.73	1.16	1.80
36	1.41	1.52	1.35	1.59	1.29	1.65	1.24	1.73	1.18	1.80
37	1.42	1.53	1.36	1.59	1.31	1.66	1.25	1.72	1.19	1.80
38	1.43	1.54	1.37	1.59	1.32	1.66	1.26	1.72	1.21	1.79
39	1.43	1.54	1.38	1.60	1.33	1.66	1.27	1.72	1.22	1.79
40	1.44	1.54	1.39	1.60	1.34	1.66	1.29	1.72	1.23	1.79
45	1.48	1.57	1.43	1.62	1.38	1.67	1.34	1.72	1.29	1.78
50	1.50	1.59	1.46	1.63	1.42	1.67	1.38	1.72	1.34	1.77
55	1.53	1.60	1.49	1.64	1.45	1.68	1.41	1.72	1.38	1.77
60	1.55	1.62	1.51	1.65	1.48	1.69	1.44	1.73	1.41	1.77
65	1.57	1.63	1.54	1.66	1.50	1.70	1.47	1.73	1.44	1.77

续表

n	$k=1$		$k=2$		$k=3$		$k=4$		$k=5$	
	d_L	d_U	d_L	d_U	d_L	d_U	d_L	d_U	d_L	d_U
70	1.58	1.64	1.55	1.67	1.52	1.70	1.49	1.74	1.46	1.77
75	1.60	1.65	1.57	1.68	1.54	1.71	1.51	1.74	1.49	1.77
80	1.61	1.66	1.59	1.69	1.56	1.72	1.53	1.74	1.51	1.77
85	1.62	1.67	1.60	1.70	1.57	1.72	1.55	1.75	1.52	1.77
90	1.63	1.68	1.61	1.70	1.59	1.73	1.57	1.75	1.54	1.78
95	1.64	1.69	1.62	1.71	1.60	1.73	1.58	1.75	1.56	1.78
100	1.65	1.69	1.63	1.72	1.61	1.74	1.59	1.76	1.57	1.78

注：本表 n 为样本容量，k 为模型中解释变量个数(不含截距项)，d_L、d_U分别为 DW 检验下临界值、上临界值。

参考文献

[1]杜宁. 计量经典回归模型中几个基本问题的思考[J]. 西华师范大学学报(自然科学版), 2012, 33(04): 424-426.
[2]李子奈, 潘文卿. 计量经济学[M]. 3版. 北京: 清华大学出版社, 2010.
[3]赵国庆. 高级计量经济学: 理论与方法[M]. 北京: 中国人民大学出版社, 2014.
[4]潘省初. 计量经济学中级教程[M]. 2版. 北京: 清华大学出版社, 2013.
[5]陈强. 高级计量经济学及Stata应用[M]. 北京: 高等教育出版社, 2010.
[6]张晓峒. 计量经济学[M]. 北京: 清华大学出版社, 2017.
[7]张卫东. 中级计量经济学[M]. 成都: 西南财经大学出版社, 2010.
[8]赵卫亚, 彭寿康, 朱晋. 计量经济学[M]. 北京: 机械工业出版社, 2008.
[9]庞浩. 计量经济学[M]. 2版. 成都: 西南财经大学出版社, 2002.
[10]靳庭良. 计量经济学[M]. 2版. 成都: 西南财经大学出版社, 2012.
[11]洪永淼. 高级计量经济学[M]. 赵希亮, 吴吉林, 译. 北京: 高等教育出版社, 2011.
[12]张晓峒. EViews使用指南与案例[M]. 北京: 机械工业出版社, 2007.
[13]孙敬水. 计量经济学学习指导与EViews应用指南[M]. 北京: 清华大学出版社, 2010.
[14]杰弗里·M·伍德里奇. 计量经济学导论: 现代观点[M]. 费剑平, 林相森, 译. 北京: 中国人民大学出版社, 2003.
[15]R S TSAY. 金融时间序列分析[M]. 3版. 王远林, 王辉, 潘家柱, 译. 北京: 人民邮电出版社, 2012.
[16]W H GREENE. 计量经济分析[M]. 6版. 北京: 中国人民大学出版社, 2009.
[17]李国柱, 刘德智. 计量经济学实验教程[M]. 北京: 中国经济出版社, 2010.
[18]童光荣, 何耀. 计量经济学实验教程[M]. 武汉: 武汉大学出版社, 2008.
[19]樊欢欢. EViews统计分析与应用[M]. 2版. 北京: 机械工业出版社, 2014.